環境史

The Environmental History

環境変化の緩和と適応

勝田 悟［著］
Katsuda Satoru

中央経済社

はじめに

世の中のすべての価値基準に環境コストが一様に導入されれば，環境負荷に関する社会全体の利害は大きく変わらない。しかし，この価値評価は非常に複雑で偏りがあり，それが人為的な環境問題を生じさせている最も大きな原因である。

この社会的コストの不公平は社会的に受け入れられない。この問題の発生理由は，人類の社会システムの失敗および科学技術の進展における環境アセスメントが不足していたためである。人が享受する環境に不平等が存在していることは，国内外で発生している環境問題で明らかである。この格差を，共通に示すことができる受忍限度は存在しない。人が幸福を追求すること，生存することは基本的な権利であるが，当たり前のように存在する環境が健全でなければ守ることはできない。ただし，追求している幸福は人によって大きく異なる。

他方，これまで人類は地球で持続可能に存在するための莫大な知識を遺伝子に記録し，臨機応変に対処している。失敗例を分析し，再度同じ失敗をしないような知恵を積み重ねている。これまで経験したことがないリスクを最小限に抑えるような予防も推測し，回避しようとする性質も持っている。しかし，予防は極めて難しいため，しばしば過大に恐れたり，非合理的なリスクを作り上げたりもする。

危害の性質・大きさが明確にわかり，その被害に遭う頻度・確率がわかっていれば，リスクを合理的に回避できるが，無意味な固定観念や間違った情報を信じることでかえって自分を危なくさせ，新たな複雑な社会問題も生み出してしまう。

人間が行う解析を効率的に進めるために開発したAI（Artificial Intelligence）も，経験がないことに関しては暴走してしまうこともある。ただし失敗分析を行う能力を持っているため，日々進化している。失敗はデータとして偏見なく解析され，再発防止策が作られ確度の高い予防策を推定する。環境問題改善の１つとして，このような機能が取り入れることができれば問題を回避，あるいはリスクを減少していくことができるだろう。

すなわち環境を保全することは，人類の持続可能性を維持するための最も基本的なことであり，これまでの失敗を発生させないように解析することで，環境リスク回避ができると考えられる。しかし，環境はあまりに身近なことであるため，各個人が個別に持つ価値観は数値だけでは評価できない。また，時間の経過が価値観も変えてしまう。

これから発生する環境汚染や破壊あるいは地球温暖化による気候変動のように，現在中長期的に起こっている環境問題対処を策定するには，極めて多くの情報を解析しなければならない。このため，過去の自然の変化および人為的に引き起こした環境変化に目を背けず，その原因を追及し，責任を明確にし，対処していくことは，人類が平等に持続的に生存していくために不可欠といえよう。

本書では，環境史を広い視点から考えて今後の環境問題再発防止のための基礎的な事象を考察した。「環境問題」の定義は，一般には非常にあいまいに使われているが，人および生物に何らかの影響を及ぼすこととして捉える。また，人にとって価値がある資源の枯渇問題も環境問題とされることがあるが，これは資源問題として環境問題と分けて考える。増殖するウイルスやリケッチアおよびプリオンなど細菌と類似の性質を持った高分子化合物は，化学物質として特殊な汚染要因として捉える。この定義を踏まえて環境の歴史を考えていく。

また，動物愛護も環境問題と見なされる場合もあるが，人によって価値観が大きく変化することから，本書では環境問題としては取り扱わない。景観も同様とする。ただし，人，および生態系の維持，生物多様性の保全に関わる野生生物の環境権に関した事項は環境問題とした。

最後に出版に当たって，株式会社中央経済社 学術書編集部 編集長 杉原茂樹氏に大変お世話になり，心から御礼を申し上げたい。

2022年９月

勝田 悟

目　次

第 1 章

環境のはじまり

1.1　宇宙と地球（時間と空間）

(1)　マクロな視点

時間と空間があることで３次元の「環境」が存在することになる。時間と空間を持つ宇宙は，138±１億年前にビッグバンといわれる１点から爆発的に拡大し生まれたとされている。点は面積を持たないため，空間は無限にある数の点の集まりである。宇宙が始まった原因は不明であるが，そもそもビッグバンが始まった際に，空間が存在していたのか疑問であり，点という概念さえ存在しなかったといえる。

一方，空間が生まれる前に時間があったのか，空間には歪みがあるのか，３次元だけでなく別の次元も存在するのかなど，さまざまな説が宇宙物理学者によって考えられている。現実に見えている環境の成り立ちや地球が存在する宇宙で繰り広げられている現象，宇宙にある物質を移動させているエネルギー，目に見えない物質による作用など，実際には明確にわからないことばかりである。しかし，目の前には環境があり，自分をはじめさまざまな生物も存在しており，限られた時間をもって３次元の空間の中で他の物質，エネルギーなどと相互作用して生きていることは事実である。

宇宙が誕生し，この空間で約46億年前に地球が誕生する。地球は最初の約５億年は灼熱の状態であり，その後地殻，大気，水（海洋，湖沼）が作られていく。状態は常に変化しており，大陸や海洋底の地殻は現在もわずかに変動しているが，この動きは，人の寿命に比較すると極めてゆっくりとしているため，止まっているように見えている。

他方，私たちに見えていない「もの」や「エネルギー」が宇宙に存在している。または，まだ発見されていない物理あるいは化学法則が存在する可能性がある。マクロで考えれば，宇宙が加速膨張していること，天体物理学上で各銀河団が持つ重力がニュートン力学に基づく力より非常に大きく，銀河が持つ質量をはるかに上回っていることが観測されている。

宇宙に何もなく慣性の法則のみが働くと，宇宙空間は図1－1に示す（A）のように時間とともに初速で拡大し続けることになるが，実際には（B）のように加速し膨張している。加速するにはエネルギーが必要であるが，このエネルギーの存在は不明であり，ダークエネルギー(*1)と呼ばれている。また，銀河内に働く不明な引力は，天体観測によって銀河に存在する恒星，惑星の質量だけでは働かず，光学的には見いだせない物質がはなはだしく超える量が存在していることが証明されている。この不明な質量はダークマター(*1)と呼ばれている物質である。銀河自体，質量を持ったダークマターの存在のゆらぎ（わずかな偏り）によって宇宙空間に密度の違いが発生し，宇宙に散乱していたチリを引力で引き寄せ銀河が創られている。私たちが目視できる物質は，宇宙の約５％と非常に少なく，宇宙はこのダークエネルギーとダークマターでほとんどが構成されており，これらの変化で宇宙は容易に変化するとも考えられる。

他方，空間とは，膨張し続けている宇宙と捉えることができ，その外側の状態はわからない。少なくとも内側には空間と時間は存在しており，現在解明されている科学的な法則に基づいて変化していることは確かである。また，質量が急激に大きくなると引力が著しく大きくなり，物質や光（粒子の性質がある）も吸い込まれてしまうブラックホールも存在する。光の速度は地球上では極めて速いが，星と星の間を進むとなると必ずしも速いとはいえない。太陽の光は，８分19秒前の情報しか伝えてくれない。夜空で最も明るいシリウスは，8.6光年（光年：光が１年かけて進む距離）と古いデータしか確認できず，次に明るいカノープスは309年（光年）前の非常に昔に発した光しか地球に到達していない。この間にも宇宙は膨張しているため，その位置も変化している。

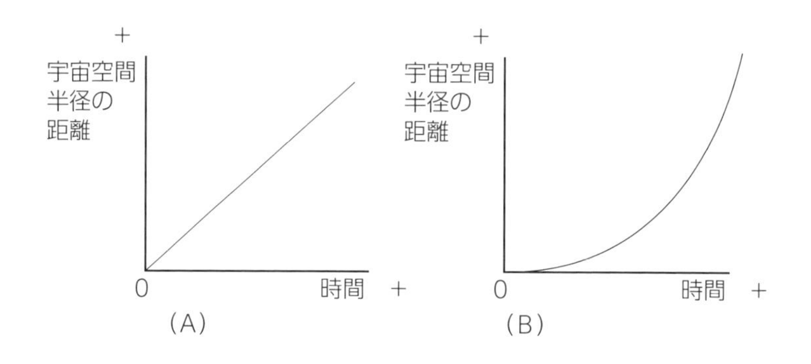

図1－1　**銀河を動かすエネルギー（ダークエネルギー）**

摩擦や障害物（もの，分子，原子あるいは質量を持つ素粒子など）や，磁場など動きを阻む力が働かなければ，いったん動き出したものは慣性の法則によって初速で動き続けていく（A）が，何らかエネルギーが加わることによって加速（速度が上がる）（B）される。

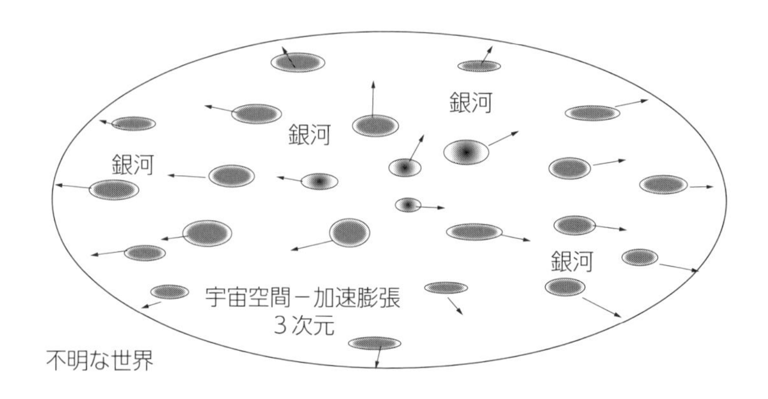

図1－2　**時間の経過で膨らむ3次元空間（宇宙空間）**

宇宙には，恒星とその引力によって周りを周期的に回転する惑星を持つ太陽系のような空間が莫大に存在する銀河（直径が10万光年もあるような大きさを持つ）が，さらに莫大にあり，それらが加速膨張し宇宙（空間と時間）を拡大している。

ダークマターの引力によって，宇宙のチリから円盤状の銀河系が創られ，その中にある太陽の周りを公転する惑星の１つに地球がある。私たちが存在する銀河系だけでも太陽のような恒星が2,000～4,000億個あると推測されており，直径は約10万光年と非常に大きい。光によって観測できる範囲はわずかしかないが，現在のところ地球のように有機物から生物が発生し，生態系がある他の惑星は発見されていない。宇宙の構造から考えて，複雑な有機物が持続的に生存するシステムを備える環境は，極めて希としか考えられない。

このように奇跡的に創られた生態系は，非常に壊れやすく，むしろ無機質な他の星のようになるほうが宇宙の中では普通の状態とも考えられる。人が生きている時間は宇宙から見ればほんの一瞬であるため，生態系はいつまでも機能し，持続的に存在するという錯覚に陥る。自然には自然浄化作用があり，一部が破壊されても修復機能が働くため，自然に治癒すると思いがちである。しかし，この修復機能が働かなくなったり，逆に生物濃縮など生物が持つ機能によって環境汚染，環境被害が発生する。宇宙から見れば取るに足らない変化であるが，人や生物にとっては一大事で時間を失うことである。生存する権利も幸福を追求する権利も喪失してしまう。人は戦争を始め，国家間の利害関係，企業，個人の利益のために災害を自ら起こしてしまい，最も大切なこれらの権利を見失ってしまうこともある。全く悲しいことである。

⑵　ミクロな視点

①　自然環境の創造と状況

シアノバクテリア（＊2）によって約38億年前（学説によって数億年の誤差がある）に光合成が始まったときから，地球での生物の歴史が始まる。この38億年におよぶ記録は，現在もオーストラリアをはじめ世界のあちこちで見られるストロマトライトの化石（シアノバクテリアが日光が当たらないときに生成する炭酸と水中のカルシウムによって生成された縞状の石灰岩）によって確認することができる。地球の質量は，水，二酸化炭素を地上に保た

図1－3　約４億年前より繁殖している木生シダ

植物化石の分析によって約４億1,000万年前から多くの植物が繁殖したことが解明されており，シダも高さが30mもある木生シダが森林を作っていた。現在も熱帯には，数ｍの木生シダが繁殖している。写真は，ヒカゲヘゴと言われる木生シダである。大きくなりすぎた木生シダは，石灰紀，デボン紀以降に倒木し，土壌中に埋没し長い年月をかけ地熱と圧力で炭化し石炭（化石燃料）となっている。

せ，生物の生存に適切な引力（重力）を与えている。光合成で生成された有機物と酸素は，好気性の生物を次々と進化させ，約5億4,100万年前までの先カンブリア紀に海中で約33億年間生息する。しかし，その時代はオゾン層がなかったため，太陽から降り注ぐ日光に含まれる強い紫外線が地上に照射され，陸上に生物は生息することができなかった。紫外線は水深約10m以上で遮断されるため，海洋生物のみが生きていくことができた。

その後，約5億4,100万年前から地球上で海が広がり，藻類をはじめ海生生物の生息域が広がった。そして，複雑な身体構造を持つ生物が急激に増加し，固い殻，骨格を持つ生物が出現してくる。節足動物として特に繁殖したものとして三葉虫[*3]があげられる。この多くの生物種を発生させ，繁殖したことを「カンブリア爆発」という。

藍藻類が30億年以上光合成を行った結果，大量の酸素（O_2）が大気中に放出され，強いエネルギーを持った太陽光がオゾン（O_3）に変化させ，成層圏にオゾン層を形成した。オゾンは，生物に強い刺激を与え，非常に有害な紫外線を吸収する化学的性質を持つため，地上への紫外線量は急激に減少し，地上でも生物が生息できるようになった。その結果，3億5,000万～4億5,000万年前頃から地上に生物が生息するようになっている。なお，酸素が大気に大量に放出されたことで地上の物質は多くのものが酸化され，世界複合遺産のエアーズロックに代表されるようにさまざまなものが酸化された。そうした酸化が環境中で遍く行われた後，大気中に酸素が増加し，酸素による酸化でエネルギーを生成する動物が地上にも繁殖する。この地球上に発生した紫外線の減少が，植物の光合成による大気中の酸素の増加と二酸化炭素の減少を生じさせ，環境中の物質バランスを変化させている。そして，赤外線（熱）を吸収する二酸化炭素の減少が地球表面の温度を低下させ，現在の環境における常温を創り上げている。

地球誕生からわずかな変化の積み重ねで地球表面の物質バランスを変化させ，現在の生態系が形成される基礎を創り上げていった。しかし，自然環境には，イオウおよびイオウ化合物（火山で噴出）など強い酸性物質，ヒ素，水銀とその化合物といった生物にとって有害な物質も存在しており，当時より自然由来の汚染による生物への被害が発生していたと考えられる。また，自然に存在する放射性物質から放射線（自然放射線）が発せられているため，生物の遺伝子へ影響を及ぼしていたことも推測される。

② 化学物質

したがって，化学物質レベルで環境に変化が及んでいたことがわかる。ビッグバンが発生したときは，宇宙には素粒子あるいはダークマター，ダークエネルギーのみが存在していたと考えられており，中性子，陽子によって原子核が作られ重水素，ヘリウムが生成されていったとの仮説が立てられている。その後，大きな元素が作られていき，ガス，粒子が生まれ，複数の元素となり，化合物が多数作られていく。人類は，元素を118種類確認している（2022年３月現在）。複数の原子が結合して化合物を作り，化学物質（＊４）は時間の経過とともにその種類を急激に増加させる。“American Chemical Society”が公開している“Chemical Abstracts Service”では，１億9,300万種類の無機および有機化合物が登録されている（＊５）。ただし，この化学物質は，人工的に作られたものも含んでいるため，自然に存在する種類はこれよりもかなり少ない。

化学物質は，目に見えるすべてのものを構成している。私たちの体も化学物質で作られており，身体を作り，体を動かし，頭脳でさまざまなことを考えるエネルギーのすべてを化学物質が作り出している。しかし，自己を確認する意識はどのように作られているのかは不明である。ただし，気持ちをリラックスさせたり，ポジティブにしたりする際に，何らかの化学物質（食べ物や医薬品）を摂取することによって操作できることは確認されている。

また，化学物質を体内に取り込むことによって健康障害が生じる場合もあり，最も厄介なことは短期間で症状が出るもの以外に，数年以上経過しないと症状が明確にならないものがあることである。中長期的に発症する毒性があるものは，原因特定が極めて難しい。人為的に放出されたものが環境汚染・被害を特定するために，（不法行為または故意による損害に対する）因果関係をもって原因，経路，被害が正確に証明できない。この場合，人類の社会秩序を保つための法律による加害者への責任を問うことができないため，自然汚染・破壊は止めることはできず，生態系は破壊されていくことになる。人の環境権は失われる。

これら化学物質の性質は１つひとつ異なっており，物理的性質，化学的性質および人やその他生物，生態系に与える影響（有害性や危険性）も異なっている。この性質を事前に確認し，使用していかなければ，環境汚染，環境破壊の原因になる。すでに多くの公害，地球規模の環境異変が発生している。世界では個別化学物質のSDS（Safety Data Sheet）を整理し，労働安全衛生，生活への影響など人への被害を防止および環境保全のために，再発防止，事前評価，対処を国際条約，法律・条例，および産業界などの自主規制を行っている。

科学技術は進み，環境汚染者を特定すること，環境汚染物質の排出抑制，環境改善，商品・サービスの環境保全の向上は非常に進んでいる。しかし，いまだ不明な部分が多い。特に対処する人類が進めるうえで最も障害になるのは，コストがかかること，利益を明確に示すことが困難であることである。このため，2006年に国連が示した「国連責任投資原則」で，ESG（環境，社会，ガバナンス）投資を図ることで環境保全の利益を明確化し，経済的誘導を図っている。2015年からはSDGs（Sustainable Development Goals：持続可能な開発目標）を国連主導で国際的に普及させている。しかし，人間活動のほとんどを行っている企業に明確な利益が見えなければ，環境保全活動は行われない。人類の持続可能性は，短期間の利益，中長期の利益が明確に示すことができなければ，破滅に向かうこととなる。

③　放射性物質と素粒子

原子は，エネルギーの低い状態である基底状態から放射線を吸収したり，中性子など粒子が衝突すると不安定な状態（励起）になり，元の状態に戻ろうとして電磁波（放射線など）を放射する。中性子の数が異なる原子を同位体（isotope：アイソトープ）というが，陽子の数が同じでも質量数が異なる。中性子の数が増え，元の状態に戻ろうとする際に放射性崩壊（放射線を放出）するものを放射性同位体という。不思議なことに放射性物質は原子核を崩壊させ，別の元素になっていく。さらに，元の同位体が半分になる時間は一定で，半減期と呼ばれている。

ウラン（U）は，一時はラドン（Rn）という気体の放射性物質にもなり，ポロニウムなどを経て最終的には鉛になる。原子力発電の燃料となっているウラン235（^{235}U）の半減期は，約7.13億年で，地球が誕生した46億年前には，現在より約87.5倍（約$2^{6.4516}$倍）も存在していた。現在の地球における天然ウランの同位体の存在比は，ウラン238が99.275％，ウラン235が0.72％，ウラン234が0.005％となっている。ウラン238の半減期は44.983億年で，まだ半分程度にしかなっていないため地球における存在比も高いが，中性子が照射されるとウラン239となり，β（ベータ崩壊を比較的短時間に繰り返し）プルトニウム239になる(＊6)。

原子爆弾の原料には，ウラン235とプルトニウム239が使用され，後者のほうが人工的に大量に生成でき，原子力発電所の核廃棄物の中にも含まれているため，コストが低く，多くの原子爆弾が生産されている。プルトニウムは有害性も高いため，生物にとっては極めてリスクが大きい物質である。人類は，爆弾を作るため意図的にこの物質を作り，原子力発電所ではその後の処理が明確でないままウラン235の核分裂反応で莫大な熱エネルギーを発生させ，電気エネルギーを生産している。

エンリコ・フェルミ（Enrico Fermi）が，1942年に原子核分裂の連鎖反応の制御に成功して以降，核分裂に関する研究が進み，同時に原子爆弾の多くの開発，実験および日本での爆弾の使用が行われ，地球上に多くの種類の放射性物質の存在率が高まった。フェルミの研究は，生物が生息するための環境に大きなダメージを与えた。しかし，その後は，新たな物質である素粒子研究へと物理学の発展に大きく寄与している。この研究で，宇宙の成り立ち，構成などが解析され，宇宙からの環境影響，地球上での変化などの解明が進むことに期待したい。

素粒子は，これ以上分割できない最小の物質の構成要素とされ，直径が10^{-15}～10^{-18}mの粒子をいい，原子の大きさである直径約10^{-9}mより10億倍小さい粒子である。2022年３月現在で17種類が発見されているが，さらに分割可能なものもあり，今後さらに微小な物理現象を示す粒子が解明されていくと予測される（*7）。この超微小な世界も，宇宙と同じく限りなく物理的，化学的に不明なことが膨大にある。現在，ジューテリウムとトリチウムを反応させ発生させる核融合（太陽など宇宙の恒星で行われているエネルギー生成）の研究開発，シンクロトロンで陽子を衝突させることによって新たな物質を生成するなど，素粒子の性質解明は不可欠であり，環境の最も基本的な部分が明らかにされていく可能性がある。

1.2 環境問題の時間的・空間的分析 ―自然科学と社会科学―

(1) 自然と人類

人類は短時間のうちに人為的に地球の物質バランスを変化させ，環境に異変を生じさせている。数千年レベルで変動している地球規模の環境変化を，300年もたたないうちに約10倍の速さで変化させ，地球温暖化や海の酸性化を引き起こしている。カンブリア爆発で海中に急激に種類と数が増加した生物は，ペルム紀に起きた火山爆発（約２億5,000万年前）で放出された大量の二酸化炭素が海に溶け込み炭酸となり酸性化され，約95％以上の生物が死滅している。現在，人為的原因で発生している二酸化炭素による気温上昇は，陸上に気候変動による異常気象や細菌やウイルスなどによる病原体感染拡大，海面上昇なども引き起こすことが懸念されている。

例えば，縄文時代は温暖な気候であったため，海面が約100m前後高かったとの報告もあり，海岸線が現在よりかなり内陸にあった。このため縄文時代の遺跡は内陸にあるが，漁業や船による他の地域との交易が行われていたことが確認されている。その後，寒冷化により海が遠くなり，狩猟や木の実，燃料となる森林の変化などから，集落が移転し人の生活も変化している。食料を確保するために人工的に稲作などの穀物栽培が盛んとなり，食料の保存なども気候変動に適応している。自然の変化に恐怖を感じ，呪術など超科学的な行為も行われている。現在でも魔法や悪魔，さまざまな神様が，さまざまな場所で語られている。

地殻の変動によって，土砂崩れ，地滑りが起き，エルニーニョやラニーニャなど規則的な地球規模の気候変動で発生する洪水や干ばつは，科学的に

図1-4　**山岳信仰の山（岩木山）**

山岳信仰は，日本および世界各地で見られ，自然を神と見なして保全されている。世界文化遺産に登録された富士山は，常陸国風土記（奈良時代）に「福慈（富士）山を祖神がおとずれる」ことが記述紹介されており，神として尊崇されている。写真に示す岩木山（青森県弘前市）は，昔から霊峰として山岳信仰の対象となっている。780年には山頂に岩木山神社（奥宮）が建てられている。毎年旧暦8月1日に例大祭「お山参詣」という農作祈願の大きなお祭りが行われ，五穀豊穣や家内安全を祈願する多くの人が訪れる。国の重要無形民俗文化財にも指定されている。

解明されていなかったため，神様にお願いをして救済を求めている。神様や悪魔払いなどに関する行事は，今でも行われている。もっとも，現在でも科学で解明できる範囲は限られている。多くの人に秩序を持たせて集団行動を慣習化することは，社会科学的に自然リスクに対処するうえで機能していたとも考えられる。経済的な利益を求めた人為的な里地，里山，里海などのコモンズを保全する手法としても用いられている。

生態系においては，繁殖のための戦いが常時行われており，人のようにコモンズといった発想は存在しない。弱肉強食の世界で，ある特定の種がいなくなると捕食されていた種が繁殖することとなる。しかし，その種が繁殖することで捕食されていた種が食べ尽くされ，最終的には生態系自体が崩壊してしまう。すなわち，食物連鎖は生物の持続可能性に不可欠なものである。人類が，短期的な視点で害獣など特定の種のみを死滅させると，生態系の崩壊が始まることもある。米国では人に危害を加えるオオカミを駆除したため，被食者であった生物が大繁殖し，その生物も食物不足のため絶滅の危機にある。米国政府はこの対処としてカナダからオオカミを移入させ自然生態系に持続性を持たせようとしているが，成果が現れるまでには絶滅させた期間以上必要となる。農作物は，人が特定の種を地球上で繁殖させることに成功させた例であり，魚の養殖でも同様な開発普及が期待されている。現在は，人が選んだ生物が地球上で繁殖し，嫌われると駆除されるとなると生態系の維持は困難となる。

また，捕鯨禁止の目的は，海洋生態系の保護と考えられるが，人と同じ哺乳類を食べるのは倫理上悪い，あるいは「かわいそう」と意見を主張するNGO（Non-Governmental Organization）もある。牛など畜産業や高級魚など海産物の養殖される生物に関しては，強く批判されることはない。ただし，ベジタリアン（vegetarian），ヴィーガン（vegan）などは，動物の肉は食べない。しかし，植物も生物であり生きているものであるが，人に管理され食されていることを倫理的に問題とは思わないのか疑問である。他方，環境保全面から考えると，畜産物は近年，トウモロコシなど農作物，ビタミン，抗生物質，栄養補助剤を飼料としているため，エコロジカルフットプリントが大きく，環境負荷を大きくする要因となっている。特に穀物を栽培する際に要する水などヴァーチャルウォーターだけでも，世界中で大量の水が先進国で使用・運搬されていることとなり，途上国の自然環境，人々の生活に負担をかけている。環境保全の価値観の違いには矛盾を感じる部分が多い。

⑵　急激な変化
―短い時間で広い範囲（空間）が変化―

現在でも超科学的な現象は，興味を持つ人が多い。地殻の変動，断層，フォッサマグナ地域のような軟弱な地盤の変化，火山の爆発，地震など科学的原因がわかっていても神や祟りなどと結びつけて語られることが多い。一種の精神的な向上のために行われていると思われる。

これまでも，鉱害，公害の際には，これまで経験がない健康被害が発生することから，一般公衆には理解できず，祟り，呪いといった全く科学的に根拠を持たないことが信じられてしまうこともある。また，福島第一原子力発電所の事故では，科学的な根拠もなく事故被害者が誹謗中傷され，差別を受けるといったことも起きている。

人は安易にマナーがない行為が行われると，他の人も次々と繰り返すことがある。単なる身勝手な行為ともいえるが，邪魔なゴミあるいは処理にコストがかかる廃棄物が特定の場所に１つ捨てられると，次々と捨てられゴミの山ができる。タバコや使い捨て容器などの安易なポイ捨てに関してはしばしば発生しており，企業による大規模な不法投棄事件もあちこちで起きている。これらは慣習法では対処できなくなり，日本では「廃棄物の処理及び清掃に関する法律」で厳しい罰則をもって取り締まられている。公共交通機関内での携帯通信機器による通話（騒音）など，法律では取り締まりにくい秩序維持は身近にたくさん存在している。目の前の利益しか見えない人にとって，環境保全，環境適応はかなり難しい。現在発生している地球温暖化による環境破壊，世界中の海に広がる海洋プラスチックゴミは，あまりにも速いス

図1－5　**枕状溶岩（新潟県・糸魚川市）**

糸魚川－静岡構造線（断層）より東側は，新潟－群馬－千葉県までフォッサマグナが広がり，火山灰等の噴出物，山岳島からの土砂の流れ込みおよび火山活動の隆起によって陸地になった地域（古い地層の上に約6,000m蓄積：西側には3,000m級の山岳，東には約2,000m級の山岳）で，1,800万年程度の歴史しかなく土壌が比較的軟弱である。陸上では，枕状溶岩が見られ，約1,400万年前の溶岩流でできたと考えられている（現在は，根知川によって削られ，流れ出した直径数十センチのソーセージが何本も切られたような状態で現存）。陸上は関東から糸魚川方面へ年間約1cm移動しているところもある。自然の動きは極めてゆっくりであるが，人為的な要因による洪水等気候変化は急激であり地層，断層など特性に合わせた適応策が必要である。

ピードで増加しているため，人または特定の国の行為をコントロールできない事態となっている。

人間が研究開発した科学技術を使用して人の生存権，幸福追求権を安易に奪ってしまう行為に戦争がある。爆弾や毒ガスなどに加え，第二次世界大戦では核爆弾が使用されている。その後，世界の平和は，地球に住む生物をすべて死滅させてしまう量の核爆弾による威嚇のもとで保たれており，多くの国が核の傘の下で現状を保っている。実戦で日本に落とされた原子爆弾は開発が進み威力を増し，理論的には無限のエネルギー放出が可能な核融合を用いた水素爆弾も特定の国が所持している。人類は，自ら生物が生息できる地球上の空間を超短時間で喪失することができる。国連が5つの安全保障理事国のみ核爆弾の所持を許しているが，妙な取り決めである。対立している国同士で核爆弾を所持している不思議なバランス整備である。人類をはじめ生物すべてを容易に破壊し，不幸にしてしまう軍事開発は，化学兵器，生物・ウイルス兵器など多種多様になっている。この生物の生息する時間と空間を奪う研究の目的は到底理解できないものである。環境史を終焉に向かわせるものとなるだろう。

過去に地球の生物に突然の大惨事が発生したこともある。6,550万年前に直径約11㎞もある彗星がメキシコのユカタン半島に衝突[*8]し，莫大なエネルギーで周辺は破壊され，その後，爆発で舞い上がったエアロゾル（Aerosol：微小の液体または固体粒子）で地球全体の上空を覆い，日傘効果による急激な寒冷化によって大規模な気候変動を引き起こした。この急激な環境変化によって恐竜や三葉虫などが絶滅し，持続的な生存が失われている。恐竜が地上から姿を消したおかげで，人類が地球上で最も繁栄できた。しかし，人類が中長期的視点をもって，無限の欲を制御できなかった場合，今度は急激な地球温暖化による気候変動や海の酸性化など環境変動によって，人類が自滅することになるだろう。

したがって，地球に超短期間しか存在していない人類は，「宇宙の約138億年の歴史および長期間をかけて変化したこと，今後どのように変化するか」

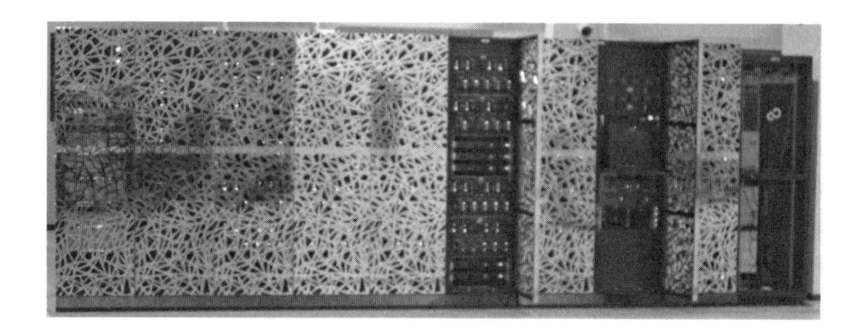

図1-6　**スーパーコンピュータ**

科学技術は人類の活動すべてに大きな変化をもたらし，さまざまな学術分野を生み出した。これらには，多くの現象解析が行われ，さまざまな数式も組み込まれた。金融工学では，エドワードソープが確率論でポーカーの必勝法をコンピュータで計算し生みだした。金融派生商品の売り手の価格決定には，ノーベル経済学賞（1997年）を受賞したブラックーショールズ方程式（偏微分方程式：1973年発表）が使われ，過去の経験を積み重ねられたコンピュータプログラムが複雑で膨大となったAIが人の代わりに判断している。写真は，極めて複雑な核融合研究開発を効率的に推進するために稼働しているスーパーコンピュータである。量子コンピュータが実用化，普及するとセキュリティは極めて困難になり，人の生活が大きく変わってしまうが，非常に複雑な環境システムの解析は進むと考えられる。

を，容易に理解できない。地球カレンダーまたは宇宙カレンダーで，長期間，あるいは数億年かけてある日突然発生する変化の有無を確認することはできても，失敗分析，再発防止まで検討することはできない。人は短時間の変化に注目できても，中長期の変化で不可逆的な変化になるとしてもあまり注目せず，狭い視野での個人的な利害を優先することが多い。地球規模，広域環境の変化に人類，または国家，あるいは産業界，企業，個人が協力して取り組むには，かなり明確な自分への被害が理解できなければコンセンサスを得ることは難しい。

人は，現在の状況がそのまま変わらず続くと思い込んでいる。悪い例として，カジノなどで勝ちが続くと科学的根拠がないにもかかわらずこのまま勝ち続けると信じ込む傾向がある。バブル経済の中では，誰かが「ジョーカー」を引くまでその熱狂は続き，その状況が持続し続けるという極めて低い確率が起きると思ってしまう。その結果，客観的に社会現象を見ることができなくなり，不可逆的な状況となって多くの不幸を招く。バブル経済の破綻は，何度も繰り返されている。しかし，確率論によって科学的に計算すれば感覚的行動は制御できる。ただし，経験がない現象が発生すると対処はできなくなり，全く間違った判断を行ってしまうこともある。ブラック－ショールズ方程式を使いコンピュータによる資産運用を行っていた米国の大手ヘッジファンドLTCMが，1997年のロシアの国債デフォルトに始まる危機に対応できず1998年に破綻している。

近年では，金融工学の著しい発展により，経済，法律，政治など社会科学，数学，IT（Information Technology）など多様な知識を組み込んだ高いAI（Artificial Intelligence：人工知能）技術によってLTCMのようなことが起きないように金融を制御している。しかし，人が理解できないままコンピュータの暴走や間違いをコントロールすることも困難になっており，瞬時に大きな経済的混乱を起こすリスクがある。意図的に情報技術を駆使した混乱を起こされる事態も懸念される。

地球カレンダーを示し，人類が地球の歴史における極めて少ない時間で地

図1-7　**セコイヤ（米国・カリフォルニア州）**

セコイヤの自生地は，多くの場所で人によって保護されている。セコイヤと同様に1億年以上前より北半球に広く繁殖していたメタセコイヤは，落葉針葉樹（進化したとの学説もある）で樹高が30m程度であるが，自然における生存能力が高くなく，寒冷化など気候変化に適応できず，約500万年前にほとんど絶滅し，日本と中国にのみ生息していたが，さらに強い寒冷期となった80万年前にほとんどが絶滅してしまった。しかし，1943年に中国の湖北省で現生種が見つかり，木の形が良いことから公園等に植えられ，人の手によって世界各地に繁殖した。セコイヤもメタセコイヤも生きた化石と呼ばれている。

球の物質バランスを変え，自然システムを変化させていることも，あまりにも複雑で理解が非常に困難である。多くの人が，大きな環境異変が起きることを信じようとはしない。すなわち，近々「ジョーカー」を引くことが科学的に証明されても，人々は固定観念に近い症状で歪んだ幸福追求をし続ける。これまでに経験がないことが短時間で発生することを理解し，受け入れ，新たな対処を実行することは容易ではない。

⑶　環境適応

生態系は自然浄化機能を備えており，何らかの変化が発生すると自ら元に戻そうとする。しかし，この機能を超えてしまうと不可逆的になり，自然破壊が発生する。人も病気やケガをした場合に修復機能を持っているが，限界を超えると取り返しのつかないことになる。食物連鎖で持続可能性を維持している生態系も同様である。

100m以上も成長するセコイヤという樹木は，直径は数メートルにもなる常緑針葉樹で，１億年以上前より北半球に生息し，第三紀（約6,500万年前から約164万年前）まで広く繁殖していた。この木の木質部には多くのタンニン（tannin）が含まれ，自然に存在する病原菌やシロアリなどの侵入を防いでおり，また，樹皮が厚く，外部からの障害や山火事などから防御することがわかっている。また，切り株からまた芽が出る性質を持ち，現在も生息し続けており自然界において強い生存能力を持っている。

近年の地球温暖化，海洋プラスチックゴミなど地球的規模の環境破壊・汚染は，ほぼ科学的に環境負荷が予測できている。しかし，人類にとって利益が大きいエネルギー，材料となる石油，石炭をはじめ化石燃料が原因であることが判明していても，使用制限することはできない。経済的な誘導がなければ，減量化していくことは極めて難しいと考えられる。急激に減少させるとは，国際的に経済および人の生活に大きなダメージを与えることとなる。しかし，大気中の二酸化炭素の急激な増加，海洋に漂う大量のプラスチックゴミ浮遊物は，地球がかつて経験したことがなく，今後大きな自然の変化が起きることが予想されているが，果たして人類がこの環境に適応できるか疑問である。できなければ，人も含め多くの生物が生存危機になると考えられる。

特定地域に環境異変をもたらし，人をはじめ多くの生物に被害をもたらした水俣病やイタイイタイ病など公害問題も，人は大きな問題になるまで現実を直視しようとはしなかった。特に被害者と強い問題意識を持った各種専門家の根強い裁判における争いがなければ，改善策はさらに遅れ，被害は拡大していたと思われる。近年，自然環境をはじめ状況を監視する技術が急激に発展し，化学物質，光（電磁波）などデータ（定性・定量）を収集する機能が超高性能になってきている。また，マイナンバーカードをはじめ，詳細な健康診断の普及など人を管理する情報システムが向上していることから，環境汚染・破壊の発生，原因物質放出・汚染の経路，健康被害の特定（証明），あるいは自然変化の状況把握など，莫大な情報が収集・整備されつつある。人の挙動や体内の状態に関しても健康診断情報，位置情報，加えて体内の蓄積物・遺伝子情報解析およびバイオインフォマティクス（bioinformatics：生命科学と情報科学の融合分野）は飛躍的に進歩している。また廃棄物投棄も人工衛星から監視されており，この映像解析精度も非常に高度となっている。監視・管理されている人の生活に関する個人情報の整備には是非が論じられているが，環境状況および人の健康被害・汚染原因を特定することはかなり向上している。

さまざまな情報を正確に解析し，これまでの自然および社会科学的知見，過去の情報からの予測，失敗分析を積み重ね，環境適応の方針を，短期，中期，長期に向けてロードマップを作っていく必要があるだろう。他方，海は果てしなく広く，汚しても，魚を大量にとっても枯渇しない，化石燃料はまだまだ使用できるといった幻想のもと，資源問題と環境問題を混同したまま対策を進めると，資源の安定供給が環境問題解決と勘違いを起こしてしまう可能性もある。自然は変化しないといった間違った認識のもとでは，有限な世界にわれわれが生きていることを見失ってしまう。正確な自然科学的知見に基づく法システムなど，社会科学的な社会システムが必要である。

ただし，さまざまな通信手段，近年ではインターネットを利用した公開やSNS（Social Networking Service）を利用した環境汚染被害者への悪質な誹謗中傷も増加している。ときには電気通信手段等を利用した全くの虚偽の内容もまことしやかに広く伝わってしまうこともある。環境をコモンズとして捉え，人の社会人としての自己規律の確保，社会的責任も重要な視点になっている。

【注釈】

（＊１） 勝田悟『科学技術の進展と人類の持続可能性』（中央経済社，2021年）127～135頁参照。

（＊２） 勝田悟『グリーンサイエンス』（法律文化社，2012年）１～３頁参照。

（＊３） ペルム紀の約２億5,000万年前に発生したシベリアにおいて火山活動が活発となった際に二酸化炭素が海に溶け込みアルカリ性の海が酸性化してしまい，海洋生物の約95％以上が絶滅し三葉虫も絶滅したと考えられている。この大気環境の変化の際に，メタンハイドレートも溶解し地球温暖化を加速させ，地球上に異常気象を発生させた。

（＊４） 化学物質との表現は，あいまいに使われている。「化学物質の審査及び製造等の規制に関する法律」の第２条第１項では，「化学物質とは，元素又は化合物に化学反応を起こさせることにより得られる化合物」と定められている。本書では，当該化合および金属など単体でも存在する原子を含めて化学物質とする。

（＊５） CAS HP（https://www.cas.org/）参照（2022年３月現在）

（＊６） ウラン238が中性子が照射され，生成される放射性同位体

ウランの核分裂を行う原子炉（一般的原子力発電所）で発生している核反応である。

$$ {}^{238}_{92}\mathrm{U} + {}^{1}_{0}\mathrm{n} \rightarrow {}^{239}_{92}\mathrm{U} \xrightarrow{\beta\text{崩壊}} {}^{239}_{93}\mathrm{Np} \xrightarrow{\beta\text{崩壊}} {}^{239}_{94}\mathrm{Pu} $$

ウラン238　中性子　ウラン239（約23.5分）　ネプツニウム239　（約56時間33.36分）　プルトニウム

生成されたプルトニウム239の半減期は24,110年と比較的長い。

ネプツニウム239は，半減期は約200万年もある。

β崩壊は，電子（ベータ線：放射線）およびニュートリノ（素粒子）を放出する。

（＊７） 前掲（＊１）130～132頁参照。

（＊８） ルイス・アルバレズ（Luis Walter Alvarez）が，白亜紀と第三紀の地層の境界を研究した結果，1981年に「巨大隕石が地球に衝突して恐竜が絶滅した」という学説を発表している。アルバレズは，1968年にノーベル物理学賞を受賞し，第二次世界大戦中に，原爆開発プロジェクトである「マンハッタン計画」に参加している。

第2章

宇宙からの影響

2.1 光のエネルギー —生と死を司るエネルギー—

(1) 生命の誕生

宇宙に無数にある惑星の1つである地球は，気体を地上に引き留める引力を持ち，水が存在し，藍藻類が誕生したことで光合成が始まる。地球に生命を誕生させ，生態系を作る最も基礎的化合物である有機物および酸素の生成が始まる。光合成に重要な光は，太陽から放射されており，この光（電磁波）にはさまざまな種類のものがある。具体的には，波長の短い放射線，紫外線，私たちの視覚に必要な可視光（色によって波長が異なる）および長い波長を持ち温熱（＋の熱）をもたらす赤外線，電気通信で利用している電波などがある。光合成に利用している光は，特定の波長の可視光である。さまざまな波長の電磁波が宇宙を飛び交っている。

また，地球の磁場は，宇宙に飛び交う放射線であるアルファー線（α線），ベータ線（β線）を北極と南極へ曲げ，地上への到達を防いでいる。これら帯電した粒子線（荷電粒子）は，強い放射線で生物の遺伝子を破壊するため，非常に高いハザードがある。しかし，電荷を持たない放射線であるガンマ線（γ線）や生物にとってはかなり有害な紫外線は，地上に到達するため，地上には生物は生存できない。したがって，地球から遠く離れた宇宙は，高いハザードを持つ光（電磁波）が飛び交う極めてリスクが高い空間である。人が宇宙遊泳を行うときは，これら放射線を遮断する宇宙服が必要である。

第1章1.1⑵で述べたとおり，30億年以上かけて行われた光合成によって地球上の物質の多くが酸素と化合物（酸化物）を作り，大気中には酸素の気体を存在させている。生物生存にとって奇跡的に起こった幸運がオゾン層

図２－１　**地球に降り注ぐ太陽光**

太陽では，水素の融合による核反応が行われており，莫大なエネルギーが放出され，そのほんの一部が地球に到達している。赤外線（熱）は，地球および地球の海洋，大気に吸収される量と宇宙へ放出される量のバランスが崩れると，地球温暖化または寒冷化を発生させる。紫外線や放射線など波長の短い光（振動数が大きい）は，エネルギーが大きく生物の遺伝子を破壊するなど有害である。地上に到達する放射線は前述のとおり，わずかなガンマ（γ）線のみである。

また，人為的に排出される炭化水素，窒素酸化物は，紫外線によって光化学反応を起こし，オゾン，アルデヒド，PANなど光化学オキシダント（オキシダント［oxidant］：総酸化性物質）を生成し，人には，ぜん息など健康障害を引き起こす。窒素酸化物は，環境基本法に基づく環境基準（努力目標と解されている）が設定されている。排出源は工場や自動車などで産業革命（1850年頃）以降発生した公害である。

ができたことである。酸素が成層圏まで上昇し，太陽光によって反応し生成したオゾン（O_3）によって宇宙から照射される紫外線が吸収されることで，生物が海中から陸上に上がっていくことができ，陸上には，海中とは異なる生態系を作り出していくことになる。しかし，人類が快適で安全な生活を求めて研究開発し作り出した人工化学物質であるフロン類（Chlorofluorocarbons：CFCs）を大量に使用し，大気環境中に廃棄（放出）したことでオゾン層に到達し，オゾンを分解する反応を発生させてしまった。人類が予想していなかったことであるが，十数年でオゾン層破壊が深刻な状況に陥ってしまい，極地域にはオゾン層に穴（オゾンホール）を空けてしまった。宇宙から注がれる有害な紫外線が数億年前のようにそのまま地上に到達してしまうリスクを急激に高めてしまっている。科学技術開発において，人が暮らすことができる有限な空間にどのような影響があるのか，事前に評価しなかったことが原因である。したがって，光（電磁波）は生物を誕生させたが，死滅させることもある。

前述の宇宙から降り注ぐ電磁波が地球の磁場で両極に曲げられた粒子線は，窒素（N_2）や酸素など地球大気と衝突することで発光し，神秘な光景を作り出す。人はローマ神話の曙の女神を意味するオーロラと名づけ，現代ではその光のショーを世界各地から観光を目的に見に行くが，実際には大量の粒子線が地球にやってきている結果であって，極めてリスクが高い状況である。地球環境は，太陽表面で起きる現象に大きく左右される。太陽フレアと呼ばれる爆発的なエネルギー放出が起き，地球にこの電磁波が到達すると無線の電気通信に障害を及ぼす。この電磁波（光）による環境異常は，デリンジャー現象と呼ばれる。１～２日後に地磁気の大きな変化である磁気嵐も起き，オーロラも発生する。この現象は，太陽表面に強い磁場が発生する黒点（直径数百から数千㎞で，温度は約4,500Kである。周囲の6,000Kより低いため黒く見える）が関連していることがわかっているが，その詳細な科学的メカニズムはいまだ解明されていない。

⑵　太陽からの光

人の視覚は，ものに照射された可視光が反射してくることによって，この光のエネルギーを感じ取っている。ものが特定の波長の光（電磁波）を吸収し，反射光が特定の波長であることで色を感じ取ることができる。特定の化学物質が反射，あるいは透過する光の波長は一定であるため，定性（種類を判別）分析が可能であり，その強さで定量（濃度を測定）分析を行うことができる。電気通信で使用される電波や放射能によって生じる放射線も特定の波長を持っていることで，定性と定量が可能である。また，この科学的性質を用いて，公害の原因物質について排出規制（濃度あるいは総量で規制）も行われている。

また，自然の光である日光は，人が住んでいる地域ごとに地球の公転（太陽の周回軌道を移動）と自転（自ら回転し，１回転で１日となる）で照射される量が変化する。公転は約10万年周期で変化しており，太陽から遠くなる楕円軌道で氷河期（氷期）となり，地球の自転軸の傾きによっても高緯度地域で平均気温が低下する。この方向は約４万年で変化する。現在は，太陽エネルギーが少なくなる氷河時代で氷河期に向かっているにもかかわらず，人類による地球温暖化原因物質の大量排出で気温が上昇するといった不自然な状況である。太陽からの光の距離および角度による照度の変化で，地球の気温は周期的に変化してきた。しかし人類の研究開発によって生み出された活動による大気成分の変化で，さらに複雑な自然にはない急激で短時間の変化で光のエネルギーの大きな乱れが生じている。その結果，気候変化，あるいは異常気象（WHO［World Health Organization］の定義では25年に１度起きる大きな変化）を引き起こしている。太陽からの光のエネルギーは核融合で作られたものであり，その光の比較的長い波長の光である赤外線いわゆる熱を吸収する二酸化炭素を，人類が地球上に不自然に増加させたことが，これまで地球の歴史になかった環境変化を生み出したことになる。

なお，人類は原子が核分裂するときに大きなエネルギーを放出することを利用した原子爆弾，電子力発電所を研究開発，実用化しているが，十分にリスクを理解していない。このような知見しかないまま，核融合による原子爆弾の数百倍もエネルギーを放出する水素爆弾を作り出している。核融合発電では数億度の気体を作り出すことができ，この後さらに大きなエネルギーを生み出す可能性もあることから，事前のリスクアセスメントを十分実施することが望まれる。

他方，地球誕生時は，自転周期は現在よりかなり速く回っており，１周の公転で約2,000回回っていたと推定されている。１年が約2,000日あったということになる。約６億年前には約400日となり，かなり自転の速度が落ちてきている。生物が爆発的に増加した先カンブリア紀の頃は，１日が現在より１時間以上短かったことがわかる。自転は徐々に遅くなっており，１日の長さは長くなってきているが，人にとっては超長期的な変化であるので，感覚でこの変化を感じることはない。また，地球の衛星である月は，公転と自転がほぼ同じ期間（27.3日／回）であるため，地球から見える部分（太陽の光を反射し地球に到達している部分）は同じ側だけである。他の惑星の衛星も同様な現象が起きている。

⑶　光害，騒音（振動）―日光と生物の生活リズム―

一般的に，人は朝に活動を始め，夜になると就寝するといった自然の変化に適応して生活するリズムがある。この周期が崩れると健康維持（生理機能）に支障を生じやすくなる。この生活のリズムを体内時計または生物時計（biological clock）という。街灯など人が安全に生活するうえで重要なインフラや，都市の夜の照明，ライトアップによる光景は，人工的光によって作られている。この不自然な光は，自然の植物や昆虫などの体内時計を狂わせ，夜の光合成で特定の場所で異常に成長した草木，夜中の蝉の鳴き声など身近な環境を大きく変化させている。地球の歴史の中で，特定の地域でこの数十

図2-2　**ロンドンの街灯**

産業革命前の英国ロンドンの街灯は，電気や石油ではなく鯨油が使われていた。夜の街の照明は，人々の生活を変化させていくこととなる。17世紀になると英国，オランダ，デンマーク，ノルウェーなど欧州各国は，捕鯨を盛んに行うようになり，その後，米国，ロシアが加わり世界中の鯨が捕獲されるようになった。江戸時代末期に日本に訪れた黒船（ペリー率いる米国海軍東インド艦隊：防水用に船にコークス・ピッチを塗布していたため黒色をしていた。したがってこの時期は石炭の採掘は始まっていたといえる）は，捕鯨船への食料等の補給を幕府に要求することも主要な目的の1つであった。その後，海外の技術を取り入れた日本も遠洋への捕鯨を始める。19世紀には世界中の海から鯨が急激に減少する。日本でも江戸時代以前は，浜辺で鯨の潮吹きを見ることができた。その後，鯨から得られる鯨油，ひげ（コルセットなどに使われる強い紐）は化石燃料・化学合成製品に代替され，食用以外の捕鯨は必要がなくなり捕鯨は限られた国のみ行うこととなる。

年で大きく変わった環境である。また，人の生活においてもガラス張り建築物による光の反射，世界中に建設されているソーラーパネルによる光の反射など，特定の地域に生活する人に支障をきたしている。これらは光害といわれている。

人類は日光の不必要な部分である夏の強い日差し（赤外線：熱）などを遮るため，すだれなどを用いて住宅内の気温上昇を抑え，紫外線の遮断を目的とする日傘なども利用している。これらは，人類が自ら招いた地球温暖化による気温上昇や，オゾン層破壊による紫外線増加対処としても有効である。しかし，人為的に発せられた照明は，何らかの目的を持って発せられているため，光害に関して受忍を強いられることは全くの不公平である。自然動物にとっても，日本では法的権利はないが環境権侵害である。少なくとも無駄な照明は，すべて止めるべきであろう。反対に，建物の建設等で日照が遮られ，体内時計を狂わされるような事態も起きている。人が生活するうえで必要な日光を得る基本的な権利である日照権という言葉も生まれている。これら光害は，不法行為として裁判でも争われているが，人の環境を享受する権利を明らかに侵害している。

また，光と同様に周波数をもつ音や振動も大気，液体，固体を媒体として，伝播するエネルギーである。自動車，飛行機など移動体（飛行場近くの飛行ルート）や工場，工事などで騒音や振動が人為的に発生し，住民の受忍限度が検討されることも多々ある。交通やインフラなど公共性が優先される場合もあるが，予見可能性なく発生したものについて耐え忍ぶことを強いられるものは公害である。集団住宅などでの騒音問題や，暴走族，過大な街宣なども，人の体内時計を一方的に狂わされる行為であり，平穏な生活を妨害することから法律で取り締まられている。罰則が定められていると，刑法の特別法となり警察によって秩序が維持される。環境保全に関しては，騒音規制法，振動規制法で，指定地域に関して規制が定められている。とても素晴らしい音楽でも，聞きたくない人にとっては単なる騒音である。「環境にやさしい」といった言葉で環境保全を啓発している風力発電もブレード（風を受けて

図2-3　**自然を守り，破壊する風力発電施設**

風力発電による騒音は，1990年代からすでに問題になっていたが，「環境にやさしい施設」として世界中に普及している。資源政策上，エネルギーの安定供給の主要な施設である。しかし，現在のエネルギー供給を維持するには莫大な数が必要となり，寿命は17年程度（さまざまなデータが提示されており20年程度とするものもある）で建設のために新たに膨大な資源が必要となる。この他，設置場所および建設するための新たな土地が必要となり，森林伐採等多くのバイオマス資源が喪失している。日本は効率的に系統電源が整備されていたため，再生可能エネルギーの整備には多くの新たな送電線の敷設が不可欠で，送電網の建築による環境負荷も対処しなければならない。この他の風力発電施設特有の環境負荷には，バードストライク，景観悪化，オフショア（洋上発電）では海洋生態系への影響などがある。LCA(Life Cycle Assessment)データにはさまざまな例があるが，「環境にやさしい」という曖昧な言葉が正しいかは不明である。日本の森林が高額である最も大きな要因は運び出す道路が整っていないことであるが，再生エネルギー施設設置では，建設およびメンテナンスのために多くの道路が作られる。

回っている繊維強化プラスチック（Fiber Reinforced Plastics：FRP）の羽根）の風切り音が周辺住民にとって騒音公害として問題となり，「環境影響評価法」の規制対象となっている。音または振動は光と同じ波のエネルギーでも，光と違い遮断することが困難である。

体内時計を狂わされる単なる公害や騒音など，ステークホルダーが複雑に存在し，利害が相反する環境問題に関しては受忍は必ず存在する。科学技術の発展に関した環境アセスメントの欠如といえる。しかし，地球温暖化原因物質（赤外線吸収物質）排出による気候変動，海面上昇，伝染病の拡大，海の酸性化（海洋生物の死滅）などは，中長期的に悪化していき不可逆な状況になる。原因と被害の因果関係が科学的にほぼ明らかになっていても，利害関係の調整ができないため被害が拡大してから差し止めを請求しても時すでに遅しだろう。フロン類等による日光に含まれる紫外線増加による被害は，がんを含む皮膚障害が白人等に多発し，因果関係がほぼ自然科学的に確定した段階で，生産・使用の差し止めが国際条約で定められている。しかし，特定の国を中心に流通が減って高騰したフロン類を密売して不当な利益を得るものも現れることから，被害を受けていない短期的利益を得たい者にとっては人類・生態系の持続可能性が失われていることは理解できない。逃れようとしても逃れられない制御も極めて困難な人の欲望である。現在はかろうじて人類等生物が生存できるが，以前より紫外線リスクは格段に高まっている。宇宙や地球は，化学的，物理的に人の都合に関係なく非情に変化し続けるのである。

2.2 紫外線の遮断

(1) 化石燃料の生成

紫外線の波長を持つ光のエネルギーは遺伝子を破壊することから地球誕生後，40億年以上地上に生物は生存できなかった。紫外線は，生物にとって非常に有害な光である。藍藻類が生成した酸素が，超長期にわたり成層圏で太陽光のエネルギーによってオゾンを作り，オゾン層が形成されてから地球上における現在の生態系が誕生する。当初は遺伝子に陸上で持続的に生存する情報がなく，成長等制御できなかったため，多くの生物が環境に適応できず持続的な生存ができていない。むしろ生き残りをかけた生存競争が行われ，負けた生物は死滅している。植物はより多くの光合成を行うため自らを大きくし，日光が得られなかった植物は死滅するが，大きくなりすぎると自分の体を支えきれなくなり倒れてしまう。このような繰り返しから失敗分析を行い，遺伝子の中に環境に適応した生存方法が刻まれている。当時の植物の多くは花は咲かず，シダをはじめ胞子で繁殖する裸子植物で，約2,000種類が存在していたと推定されている。

このようなことが繰り返されていた石炭紀（約３億6,000万～２億9,000万年前）に，多くの生物の死骸が地下に埋まり，圧力と熱で化石化し石炭層ができ，現在人類がエネルギーまたはプラスチックとして使用している石炭，石油，天然ガスが生成されている。地下の圧力，熱などの作用で，これら化石燃料の状態は変化する。日本などは地下に強い圧力がかかり，高い温度では比較的早く石炭が生成し，6,500万年前頃からの新生代第三紀の地層にも石炭層がある。植物の化石から石炭，微生物等の腐食で石油，天然ガスが生成され，現在の人類が生活，産業，経済活動に不可欠な化石燃料が作られる。

(2) 紫外線バリアを破壊した人類

紫外線は，放射線と同様に原子をマイナスまたはプラスにイオン化する作用（電離作用）を持つ。しかし，大きなエネルギーではないため短時間で健康障害が発生することはなく，波長が長くなるほど影響は小さくなる。波長が最も長いUV-A（長波長紫外線，波長：320-400nm）が現在，人体に照射される割合の9割を占める。皮膚から人体に入り込む性質が強く，皮膚の加齢やDNAへの損傷の恐れがある。その他，UV-B（中波長紫外線，波長：290-320nm）は日焼けの原因となり，皮膚のメラニン色素を増やしてシミ，そばかすを発生させる。また，目の角膜を通過し水晶体まで届き，白内障などの原因ともなる。UV-C（短波長紫外線，波長：100-290nm）は，最も波長が短くエネルギーが高く，皮膚，目，免疫系に疾病を引き起こす恐れがあり，地球に生物が誕生して以降陸上で生息できなかった原因となったハザード（有害性）が高い紫外線である。オゾン層でほとんどが吸収されるため，地上に到達することはほとんどないが，わずかに通過したものは人をはじめ生物のさまざまな健康障害の原因となる。特に感受性の大きい若い細胞に影響を与えやすく，人為的なオゾン層破壊によって地上に到達するUV-Cが増加し，世界中で子供への紫外線アレルギーが増加している。また，波長の短い紫外線はDNAを強く刺激または破壊するため，皮膚がんも発生させている。対して，300nm以下の波長のものは殺菌性があり，ウイルスも分解することができるため公衆衛生用として用いることができ，生活においても殺菌用として利用している。人体に有害性を示す紫外線だが，皮膚に照射されることにより人間等動物の栄養素である重要なビタミンD（体内へのカルシウム，リンの蓄積に必要：不足するとO脚，頭骨変形など発生）を生成していることも判明しており，さまざまな性質を持つ。

他方，1960年代に問題となった光化学オキシダント（光化学スモッグ）は，

図２-４　**この数十年で強くなってしまった日光からの紫外線（海岸）**

地上に降り注ぐ紫外線は数十年前に比べ増加しており，皮膚，目など障害等健康影響が増加している。以前は夏に意図的に日焼けを目的に海に行っていたこともあったが，健康障害を発生させるリスクを考えると回避したほうが無難であろう。また，紫外線の強さは，夏に強いわけではなく太陽の高度で変化するため，５月でも８月とほぼ同じ強さがあり，気温には関係しない。夏は地下（土壌）にたまっている熱も多く，気温が高くなり紫外線も強いように感じるが，実際には春から強い紫外線への対策は必要である。高度が高く，乾燥したところでは皮膚障害等はさらに悪化し，老化なども急激に進む。この数十年で日光から照射される紫外線量が増加し，環境が変化（環境リスクが増加）してしまっている。

「大気汚染防止法」,「自動車から排出される窒素酸化物及び粒子状物質の特定地域における総量の削減等に関する特別措置法（NOx・PM法）」によって反応物質の排出源対策は厳しく規制しているが，近年オキシダントを生成する反応を起こす紫外線が急激に強くなっている。このため光化学オキシダント汚染が悪化し，この汚染によるアレルギーが発生する被害者が増加している。

ハロン類（フロンと同じハロゲン族元素である臭素の化合物であるのでフロン類に含まれて表現されることもある：ハロゲン化合物）は，消火剤として非常に高い性能（連鎖的に熱を奪う）を持っており，現在でもエッセンシャルユースとして飛行機，病院等での使用が条約・国内法にて容認されている。戦争・軍事的侵略など緊急時でも使用される可能性があり，国際法を遵守しない国家は複数あるため，安易に使用・放出されることが懸念される。国連安全保障理事会常任理事国でさえフロン類の密輸で利益を得ている状態であり，将来には不安が残る。

⑶　オゾン層破壊と保護

米国航空宇宙局（National Aeronautics and Space Administration；NASA）が，1985年10月にオゾン層のオゾン量を測定するために人工衛星ニンバス７号を打ち上げている。測定データを解析した結果，春に南極大陸の上空でオゾン濃度が低下しオゾンホールが出現しており，拡大していることが確認された(＊1)。

オゾン層におけるオゾンの減少は，米国の化学者フランク・シャーウッド・ローランド（Frank Sherwood Rowland）とメキシコ人化学者マリオ・ホセ・モリーナ・エンリケス（Mario José Molina Henríquez）が，フロン類によってオゾンが破壊していると仮説を立て，1970年からオゾン層破壊を観測し，そのメカニズムを研究している。1974年に，フロン類が成層圏まで達すると紫外線を受けて反応性が高くなり，大量のオゾン分子を連鎖反応で分解することを科学誌『ネイチャー』に発表している。

フロン類は，冷蔵庫等に使われていたアンモニア，スプレーに使われていたアルコール類，クリーニングに使われていたアルコール類や，塩素系有機溶剤の有害性，火災等危険性が大きかったため，その代替品として使用が普及したものである。環境中で安定で有害性が低い性質であることから，生活環境，労働環境の安全性向上に貢献し，冷凍・冷蔵倉庫など既存の溶媒からフロン類使用へ代替するために公的補助金も交付されていた。家庭用品としての安全性，労働環境・室内環境の保全が促進できても，オゾン層破壊で宇宙から照射される紫外線を増加されて生態系へ有害性を高めることは事前に確認できなかったといえる。ただし，環境中で安定な化学物質が大量に放出されると，環境中での存在比が高まっていき物質バランスが変化する。中長期的視点での環境影響評価が不足していたと考えられるが，新規化学物質は世界で毎日1,500種類以上作られており，これらすべてについて詳細な環境アセスメントを行うことは困難である。

しかし，現在はEUのREACH（Registration, Evaluation, Authorization and Restriction of Chemicals）規制をはじめ，米国のTSCA（Toxic Substances Control Act），日本の「化学物質の審査及び製造等の規制に関する法律」など，新規化学物質に関する物質化学的性質，有害性・危険性等に関するデータ整備を義務づける法令が進められている。また，「特定化学物質の環境への排出量の把握等及び管理の改善の促進に関する法律」第14条第１項で「指定化学物質等取扱事業者は，指定化学物質等を他の事業者に対し譲渡し，又は提供するときは，化学物質等の性状及び取扱いに関する情報の提供」が義務づけられている。ただし，フロン類が成層圏で強い紫外線を浴びて，ラジカル［遊離基］状態になり，連鎖反応でオゾンを破壊するような副次的反応によって地球環境へ影響を与えることを事前に評価することは難しい。

フロン類がオゾン層を破壊していることを示したローランドらの論文が1974年に発表されると，米国政府が調査を開始し，1976年にはアメリカ科学アカデミーもこの論文の研究結果を支持した。その後の研究でフロン類に含まれる塩素一原子でオゾン分子一万個以上を破壊することが判明した[*2]。なお,「フロン」は商品名で,米国ではフレオンという商品名のほうが一般的に使われており,化学物質名は,CFC（Chlorofluorocarbon）という。1978年にすでにフロン類を使用したスプレー噴霧剤が米国,ノルウェー,スウェーデン,カナダで禁止されていたが,日本では規制されておらず,大量にフロン類を生産していたことから地球環境保全に消極的であったといえる。

フロン類の排出抑制に関しての具体的な規制は,「オゾン層の保護のためのウィーン条約（1985年採択,1986年発効）」に基づいた「オゾン層破壊物質に関するモントリオール議定書」（1987年採択,1989年発効）で国際的に規制されている。この条約の規制効果が漸次現れており,発効以降オゾンホールの急激な拡大を抑制することに成功している。この議定書では,締約国は非締約国との間で,規制対象となっている物質,規制物質を含有する製品,規制物質を用いて生産された製品の貿易の禁止または制限を定めている。ただし,この世界で初めてとなる環境保全に関した条約で,フロン類を使用していた多くの企業が経営に大きな打撃を受けている。これまで成立したことがない環境保全に関する条約に国際的なコンセンサスが得られると予想していなかったため,対処できなかった。

日本では,「特定物質等の規制等によるオゾン層の保護に関する法律」（1988年制定 1989年施行）によってフロン類は段階的に生産・販売は禁止された。また,家庭用冷蔵庫とルームエアコンは1998年に制定された「特定家庭用機器再商品化法（通称：家電リサイクル法）」で回収が義務づけられ,業務用の冷凍空調機器とカーエアコンについては2001年に制定された「特定製品に係るフロン類の回収及び破壊の実施の確保等に関する法律（通称：フロン回収破壊法）」で回収,破壊が義務づけられた。

米国内では,環境保全に積極的な人々と消極的な人々が明確に分れており,政権を持った政党,または大統領の方針で対応が大きく変化する。「オゾン層破壊物質に関するモントリオール議定書」には,当初米国は,自国の経済的損失を懸念し反対したため議定書は採択できなかった。しかし,米国企業

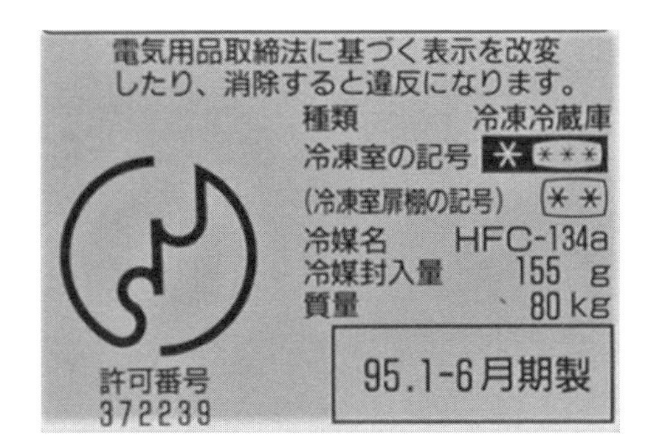

図2-5　HFC類を冷媒として利用した冷蔵庫の表示（1995年）

電気用品取締法に基づき冷媒の化学物質の種類が記載され，HFC-134aが明記されている。電気用品取締法は，1999年に全面改正され，名称も「電気用品安全法」と改称され，2001年から施行されている。近年は商品名が記載されている。HFC-134aの冷媒番号はR134aで正式な化学式は，CH（CH_3）$_3$である。イソブタン(isobutane)はR600a（CH_2FCF_3），プロピレン（propylene)は，R1270（C_3H_6），二酸化炭素（carbon dioxide）は，R744（CO_2）である。HFO類には複数の種類があり，R1123（CF_2=CHF），R1224yd（CF_3–CF=CHCl，R1234yf（$CF_3CF=CH_2$）等がある。

がフロン類代替品（HFC類：hydrofluorocarbons）の開発に成功し，米国の国益が確保できたことで突然当該議定書に批准し，フロン類生産・使用抑制規制が急速に進められた経緯がある[*3]。地球環境保全に関した条約も大国の利益が確保できなければ成立できないことは疑問である。本来の目的を逸脱していることから，当初の目的を持っての公平で持続可能な規制運営ができるのか懸念される。

オゾンホールは，1997年に両極（北極，南極）に大きなオゾンホールが確認され，フロン類規制推進への世論が高まる。地球環境破壊は，油濁事故のように短期間で影響が発生し目視で確認できれば，対処に人々のコンセンサスを得ることは可能である。しかし，中長期的な期間を得て影響が発生し，原因と被害について因果関係の証明に高度な科学的内容であると，一般公衆には容易に理解できない。また，フロン類によるオゾン層の破壊悪化が「オゾン層破壊物質に関するモントリオール議定書」の発効後，極めてゆっくりと鈍化していても，人々の見えないところで発生している高いリスクに関しては，合理的な対処を実行することは困難である。しかし，フロン類を代替する新たな化学物質の社会的必要性は高く，新たな大きな市場となった代替フロン類の開発が次々と行われた。また，環境破壊等を起こさないように新たな物質開発の際には事前アセスメントとして，世界各国のフロン類メーカーによる自主的な有害性・環境影響評価試験が実施された[*4]。前述の米国企業が開発したフロン代替物質であるHFC類は，オゾン層を破壊する塩素が含まれておらず有害性も低かった。HFC類の生産には英国等の企業も追随し，世界中に生産プラントが作られ，冷蔵庫や家庭用エアコン，カーエアコンの代替冷媒として期待されていたHFC-134aをはじめ，さまざまなフロン類の市場を代替した。

しかし，HFC類の環境影響評価は重要な項目の見落としがあった。地球温暖化効果（温室効果）が二酸化炭素の140～11,700倍であることが判明し，地球温暖化原因物質として削減規制対象となってしまった。1997年に「気候変動に関する国際連合枠組み条約」に基づく「京都議定書」の規制対象物質となり，その後早急の生産・使用の削減を目的として2016年10月に開催された「オゾン層破壊物質に関するモントリオール議定書」第28回締約国会合で，新たにHFC類について段階的に生産および消費を削減する規制が追加された。さらにHFC類の代替品開発が行われ，冷媒には有害性が高いアンモニアが再度利用され，その他イソブタン等可燃性ガス（発火等危険対策の開発が進められた），二酸化炭素，HFO類（hydrofluoroolefins），スプレーには，ジメチルエーテル（dimethyl ether：DME）などが利用されている。なお，1990年代前半からドイツ等欧州で冷媒等フロン類代替品として可燃性ガスなどの利用について積極的に研究開発が進められており，計画的に対策が実施されていたといえる。

2.3 地球温暖化と寒冷化

(1) 地球に蓄積される熱エネルギーと遮断

石炭紀以降固定化された炭素（気体の二酸化炭素を光合成で有機化合物とした後，固体または液体の有機物［炭素化合物］になる）は莫大な量になり，地球大気の二酸化炭素濃度を３億年以上かけて減少させ，気温を現在の平均約15℃にしている。人類は，この固定化された膨大な炭素を200年も経たないうちに約半分を酸化させ，気体の二酸化炭素に変化させてしまっている。その結果，地球に降り注ぐ日光から得られる熱エネルギーの吸収量と，宇宙へ放出される量のバランスが変化し，吸収量が増加している。いわゆる地球温暖化が発生している。また，地球には温暖な時代と寒冷化している時代が存在し，南極大陸，グリーンランドなど広大な氷床が存在する現在は氷河時代である。この氷河時代は，約4,900万年前に始まったとされている。氷河時代の間にも温暖なときとさらに寒冷化した氷河期（氷期）があり，約6,000年前の縄文時代は比較的温暖で，海面が現在より約120m高かったとされている（学説によって異なる）。

したがって，現在，縄文時代の遺跡がある地域は，当時は海が近くにあり海上交通も盛んに行われていたと考えられているところが多い。その当時，青森や北海道で矢じりなどの原料として算出した黒曜石が船で南の地域へ運ばれ，糸魚川で産出したヒスイ（世界では，ミャンマー，メキシコと糸魚川だけに産出する）は全国各地に運ばれたと考えられている。弥生時代（紀元前４世紀から紀元後３世紀頃：古墳時代の前）になるに従い，寒冷化して海が遠くなり，海産物や木の実など自然から得られる食料が減少したことで人類の生活様式が変化する。保存食となる米作り（稲作）などが盛んになり，農業に多くの労働時間を費やす生活様式に変化したと考えられている。

かなり昔に遡った6,550万年前は地球は非常に温暖で，氷床が存在しなかったとされている。現在より海洋部分が広く，陸上には恐竜が生息し，現在とは異なる種による食物連鎖で生態系が存在していた。しかし，メキシコのユカタン半島に直径約11kmの巨大な小惑星が衝突し，巨大なエネルギーにより地球環境が変化してしまった。またこの小惑星に含まれていた化学物質が，地球にあまり存在しない化学物質をもたらし，地球の物質バランスも変化させている。この小惑星に高い存在比率で含まれていたイリジウム（Ir）は，現在工業用材料，宝飾用として利用されており，高価なレアメタルとして扱われている。他方，莫大なエネルギーによって大気中に舞い上がったエアロゾル（空中に分散する微粒子）は，日光を遮り日傘効果（エアロゾルが日光を遮り，地上に熱が届かなくなる）となり地球を寒冷化させている。この気温低下で気候変動をはじめさまざまな環境変化が起こり，恐竜，アンモナイトをはじめ多くの種が絶滅している。この地球全体の環境変化をもたらせたのは，日光から得られる赤外線量の減少である。光合成を行って生きている樹木の繁栄も大きく変化している。例えば，生きた化石とされているイチョウは，約2億9,000万年前から始まるペルム紀に出現し，食物連鎖の頂点に恐竜がいた中生代（特にジュラ紀［約2億から1億4,000万年前］）に広く繁殖していたが，6,550万年を境に衰退する。

現在，地球に衝突する可能性がある小惑星は，国際的に調査されており，近くを通過するものも予測可能となっている。宇宙ではほぼ科学法則にしたがった変化が起こっているため，地球内部の変動に比べかなり高い精度で予測が可能である。しかし，衝突を止める方法は現在のところ存在しないため，私たちの平穏無事な生活を守る手段はない。また，地震や火山の爆発（エアロゾルによる日傘効果）など地球内部の変化は高い精度を持った予測はできないため，急性的な影響を発生させる自然災害など突然環境変化が起きることもある。

図2-6 **生きた化石イチョウ**

世界最古の原生樹種と言われるイチョウは，ジュラ紀に全世界に最も繁殖していたが，6,550万年の地球に小惑星が衝突した後の地球の環境変動で絶滅した。しかし，中国で生息が確認され，その後人工的に植林され，大気汚染に強く，火災に強い性質から街路樹，公園や寺社仏閣に聖なる木として植えられ人工的に繁殖した。メタセコイヤと同様に生きた化石とされている。日本には，1,000年程度前（さまざまな学説がある）中国から移入され繁殖したため，いわゆる外来生物ということとなる。現存する種は，比較的日射量が少なくても生息することができる。しかし，IUCN（International Union for Conservation of Nature and Natural Resources：国際自然保護連合）では絶滅危惧種としてレッドデータリストに指定されている。種子は，銀杏として食用されているが，中毒を起こすこともある。

⑵　地層・気候変化と生物の環境適応

地球の生態系を形成するためのバイオマスは光合成によって作られているため，日光と水の存在および土壌，気候によって大きく変わる。日本列島は，約2,000万年前（学説によって異なる）にユーラシア大陸から分離したとされている。その後，西日本と東日本に分かれ，1,600万年頃フォッサマグナの溝ができたと推測されている。そして海底であった地域は，地殻運動，火山活動で排出された大量の火山灰が蓄積し，さらに隆起によって標高の高い山が造られ，糸魚川－静岡構造線と東北地方とが陸続きとなったと考えられている。フォッサマグナ地域は現在も地殻が移動しており，大きいところは１年に約１～３㎝北西へ移動している。現在，当該構造線東側にある山地は，数百年前に関東の秩父地方にあった山が移動したものと推定されている。

この地下活動が地上の生態系，人の生活・農業活動にも影響を与えている。当該構造線（この構造線上に姫川という頻繁に洪水を発生させる河川がある）の東側に広がる傾斜地は，地殻の移動と洪水（高い山脈に雨雲が遮られ発生した）で地盤が緩み，地滑りが幾度も繰り返し発生したと考えられる。山が崩れた後の傾斜にはミネラル（カルシウムイオン，マグネシウムイオン）が豊富に含まれた水が潤沢にあり，棚田が広がり農耕が盛んである。対して，西側の地層は，ユーラシア大陸にあった２億年の地層が移動してきたものであるため，地下水にはミネラル分が少なく土壌・鉱石の化学成分が異なる。ミネラル分など不純物が少ない水を使う発酵食品などに使用するには適している。また，海岸は大陸から引き離されたままの状態で海による浸食が続き，断崖絶壁となっている。このように，プレートの移動など地殻が移動し，地形や自然が変化している場所は，地球温暖化による自然の変化よりはるかに早く発生する洪水等気候変動による影響を受けやすい。人類は大きな災害に遭いながらも，数千年間この変化に適応して生活しているが，今後は，これまでにない早い環境変化に対する事前対処を考えておく必要がある。

他方，日本列島の西側に位置する滋賀県・琵琶湖は，西側に断層（北側の断層［琵琶湖西岸断層帯］）があり，地層の沈み込みの影響で南側からの川の水がせき止められ，そのたびに湖底が低下することで約400万年間湖として存在し続けている。10万年以上存在する湖は古代湖と呼ばれ，世界に20ヵ所しか存在しない。このため，湖，周辺湖沼，湿地等に特異な生態系を形成している。琵琶湖は高い山に囲まれ，多くの川が流れ込んでいることから土砂の流れ込みで一般的には比較的短期に湖は消滅してしまうが，前述の地層の沈み込みによって非常に長期間存在することができた世界でも有数の湖である。通常の湖沼は千年から数千年土砂が堆積し，1万年以内に水を溜めることができなくなる。琵琶湖には，260万年前の木の化石も発掘されており，葉，種，花粉などから，当時の自然の状況を科学的に推測する研究が行われている。その他，古琵琶湖古層群（南部：堅田湖［120～40万年前］）では，約50万年前の地層の分析も行われており，地球温暖化の海面上昇によって当時近くにまで来ていた海，川，湖，湿地の様子や，火山灰層から発掘される化石から存在していた生物や生態系の状況が研究されている。

琵琶湖周辺では，その他琵琶湖ができたころからの日本列島の地形・気候変動による生態系の変化が調査研究されている。新生代新第三紀中新世（1,700万年～1,600万年前）にできた綴喜（つづき）層群（現在の伊勢湾を中心として広く分布）は，海が隆起したものであり（宇治田原町，一志層群，滋賀県甲賀市土山町付近鮎河層群）は，貝類，甲殻類，魚類，海棲哺乳類など多様な化石が見つかっている。しかし，現在の琵琶湖は，人による開発が進み内湖の多くは埋め立てられ，平野の大部分は水田，宅地となり，山地の4割は人工林になり，原生林はかなり消滅している。したがって，この数百年の間に人工的に自然環境は大きく変わっている。1960年代からは人の生活への公害も深刻となっている（第3章参照）。

これまでの生態系に関する研究では，400万年前は，植物はメタセコイヤ，動物は大型のゾウ（約340～430万年前：ミエゾウ［大型：日本全体に生息］，約120～180万年アケボノゾウ［ミエゾウ［またはツダンスキーゾウ］が小型

図２-７　**現在の琵琶湖（北湖・断層）**

約400万年前に湖となって以降，約50万年前に現在の形になった。琵琶湖大橋の南側を南湖，北側を北湖といい，この400万年の間に南側に移動している。水深は最大でも約4mと湖としては浅い。固有の淡水魚が生息しており，ミヤコタナゴ，イタセンバラ，アユモドキ，ネコギギの全４種が国の天然記念物に指定（文化財保護法によって文部科学大臣が指定）されている，また，「絶滅のおそれのある野生動植物の種の保存に関する法律」では，ミヤコタナゴ，イタセンバラ，アユモドキ，スイゲンゼニタナゴが淡水魚として指定されている。

化：岩手県より南に生息]），ワニ，サイがいたことが化石より判明している。また，320万年前には魚「イサザ」など固有種の生物の祖先が出現し，180万年前には日本で固有化したアケボノゾウが現れたことも明らかになっている。

約400万年の間に変化した気候で，植物をはじめ生物が生き延びるために進化してきたことが確認できる。この気候変動は，太陽の周りを公転している地球の移動によって約２～10万年の周期で地球全体に起こっており，海底の土砂や南極の氷（氷床［コアの分析］）に記録（放射性物質［励起した物質の半減期の測定］）されている。琵琶湖周辺は，バイオマスが豊富にあり，縄文時代の遺跡からはさまざまな木器が発掘されている。バイオマスは，縄文時代より人に欠かせないものであったことがわかる。また，湖における漁猟も行われており，大正からエビ，鮎，モロコ類，ドジョウなどが採られている（鮎は現在は養殖され，稚鮎は全国に放流用に出荷されている)。湖周辺の沼地などに生息するヨシ原は，魚など水生生物の産卵場（生態系を維持する重要な場所）になり，ヨシはすだれ（日よけ）やヨシ葺き屋根の材料などに使用されている。ヨシ群落面積は，1960年前後には，270haだったが，2000年には100haあまりとなった。

なお，メタセコイヤは約500万年前の氷河時代の寒冷期（氷期）に，中国，日本以外では絶滅している。260万年前には，北半球で寒冷化が進んだことで氷床が広がり，約200万年前以降，当該地域では寒い気候で育つチョウセンゴヨウ，ミツガシワの化石が見つかっている。なお，80～400万年前の地層からは，スイショウ，フウなど現在日本で自生していない植物も発見されている。そして，100万年前には地球の寒冷化がさらに進み，約80万年前にメタセコイヤ（落葉針葉樹）が絶滅し，２万5,000年前に最も寒くなった氷期に，何度も氷期を生き延びてきた杉も琵琶湖の周りでは絶滅した。

他方，約5,000年前の温暖な時期（縄文時代）には，ブナ科のカシ，クスノキなど，ドングリができる樹木および杉が繁殖した。他方，現在は常緑樹のサワラ，コナラ，ハンノキ，エゴノキは生息している。また，43万年前に南湖から北湖に湖が広がり，湖の中では固有種の魚が進化している（ビワマ

図2-8　もう1つの生きた化石メタセコイヤ

メタセコイヤは，1億3,000万年前から繁殖しており，6,550万年前に地球に彗星が衝突し大規模な気候変動になった際も生き延びていた植物である。気候条件によって生長速度に違いが見られ，温暖な南部の地域になるほど生長速度は速い。生命力が強く，太い枝が切れても自ら傷口を数年で修復する能力を持つことが知られている。何度も地球の氷河期を乗り越えて生息したことで，環境適応能力が遺伝子に刻み込まれている。セコイヤと異なり寒冷期の嵐など気候変動にも耐えられるように，落葉針葉樹として葉を落とし生き延びてきたと思われる。イチョウと同様に街路樹，公園等人工的に植林されたものが多い。

スなど)。貝塚も発見されている。約4,000年前には，シカやイノシシなど動物も繁殖しており，縄文人によって狩られていた。しかし，その後弥生時代に向けて寒冷となり，人口も増加し約700年前には，森林・バイオマス（燃料［特にマツ］，材料），花崗岩（石材）や水を巡り，集落間で争いが起こっている。競って木材を伐採したことで森林が急激に減少し，保水能力が低下し洪水，砂の水田への流れ込みが起こっている(＊5)。その対処として，コモンズ（里山：入会地など）が形成され，人の手によって山の管理が行われるようになった。

(3) 人為的地球温暖化

地球の土壌，大気，海洋等は日光の赤外線（熱）を吸収し，地球表面で反射，あるいは熱の輻射により宇宙に放出され地球表面の気温が定まる。この熱の収支から地球の平均温度とされている約15℃が算出されている。宇宙からの熱を吸収し地球大気を温暖にしている原因の約90％は水である。海水面での熱の吸収も大きく，世界の気候に影響を与えている。近年の地球温暖化は，人類が大気中に大量に排出した二酸化炭素やメタン（温室効果が二酸化炭素の約26倍）などによる新たな熱吸収がトリガーとなって，気温上昇が相乗効果で高まり発生している。

また，エルニーニョ現象は，赤道に沿って東風（東から西へ）が吹いている貿易風が，弱まるかもしくは逆に吹き出し，通常は西太平洋へ押しやられていた暖水が東太平洋へ流れ出し海面を覆ってしまうことをいい，数年に1度周期的に起きている(＊6)。この影響で東太平洋の水面温度は急激に上昇する。ペルー沖ではプランクトンの発生が減少し漁業（アンチョビの原料になる鰯漁の不漁）に損失を生じ，南米は高温で乾燥状態となり，オーストラリアなど周辺の西太平洋では干ばつになり農業に損害を与えている。この周期的に起きていた現象が現在は，地球温暖化による気候変動で変則的に生じるようになり，世界各地に与える気候変動の規模が大きくなっている。オー

図2-9　**ミシシッピー川河口付近（米国）**

図2-10　**ルイジアナ州ニューオリンズ**

平常時のミシシッピー川河口は非常に大きく，川の流れも極めてゆっくりである。河口近くの街ニューオリンズは，かつてはフランス領だったこともありフランスの文化の影響を受けた観光地で賑わっていたが，ハリケーンで水没し破壊された。

2005年８月に米国を襲ったハリケーン・カトリーナは，メキシコ湾で発生し海上をルイジアナ州ニューオリンズに移動してくるときは，カテゴリー１の比較的小規模なハリケーンだった。しかし，ミシシッピー川河口付近の海水面の水温が高く，異常な上昇気流によってカテゴリー５（最大風速78.2メートル／秒）まで急激に大きくなった。過去にこのように短期間で大規模なハリケーンになる気象現象がなかったため，予想外の事態で緊急時の対処が十分に行えず，数十億ドルの経済的損害を発生させた。

ストラリアでは，2006年から2007年に発生したエルニーニョ現象はこれまでになく規模が大きく，農業に甚大な被害が生じている。この災害がきっかけとなり，気候変動に関する国際連合枠組み条約の京都議定書から脱退した政府が国民から批判を浴び政権交代となり，当該議定書に再度批准する結果となった。

なお，干ばつの原因は，海面が高温にならないため上昇流が少なくなり，水蒸気が上昇しなくなり降雨が減少することで起きる。地球温暖化は，海水温をゆっくりと上昇させており，海水面からの上昇気流が強くなり台風が大型化する。近年世界各地で台風（サイクロン，ハリケーン）が急激に勢力を増し，暴風雨，洪水など大きな災害を発生させている。また，気候変動による乾燥でこれまでにない大規模な山火事も発生し，大きな被害をもたらしている。

米国では，1979年にジミー・カーター大統領時に大統領令によって洪水，ハリケーンなど気候変動災害，原子力関連災害などの事前および事後対処のための専門行政機関である合衆国連邦緊急事態管理庁（Federal Emergency Management Agency：FEMA）が設立されている。連邦政府機関，州政府機関，消防等地元関係機関の調整と支援を行っており，ジョージ・W・ブッシュ大統領時の2003年に国土安全保障省（United States Department of Homeland Security：DHS）傘下の機関となった。2005年にルイジアナ州に大きな災害を発生させたハリケーン・カトリーナの対処や近年多発する山火事など，気候変動による災害対処，復興（resilience）を行っている。

災害での施設の損壊や人為的なミスなどで，工場など事業所からの有害物質の漏洩などリスクの恐れもあるため，その対処として1986年に改正された「スーパーファンド改正再授権法（Superfund Amendments and Reauthorization Act：SARA）」では，事故時対策計画および一般公衆の知る権利法（Emergency Planning and Community Right to Know Act：以下，EPCRAとする）(＊7) が制定されている。EPCRAでは事故時の事前対処のために，事業所から行政機関へ「事故時対策計画（第302条）」，「有害物質放出報告

図2-11　米国フロリダ州NRC（National Response Center）事務所

普段はNRC事務所には，データ解析などの人員以外は常駐していないが，災害が発生すると関連機関が集まり協力して災害対処に当たっている。また，FEMAには，国立ハリケーンセンターがあり，ハリケーンシーズンが近づくと，関係機関が気象情報など関連情報を共有し，どのように協力，対処するか事前に検討している。地球温暖化による気候変動にともない，FEMAは環境保全についての新たな課題に対応するために適応している。

（第304条）：有害物質を規定量以上放出した際の報告（規制対象物質を約420物質規定）」および，これら情報について「住民の知る権利」が定められている。この背景には1984年に当時世界第３位の売り上げがあった化学会社ユニオンカーバイト社がインドに設立した子会社ユニオンカーバイトインディア社の農薬工場（マデュヤ・プラデェシェ州ボパール市）でメチルイソシアネート（CH_3NCO［Methyl-Iso-Cyanate：MIC）が漏洩し，数千人が死亡し，20万人以上が健康障害を受けた事故が影響している。

スーパーファンド法では，有害物質（約700物質）の偶発事故時の通告許可限度量を設定しており，許可量を超えて放出をした場合，NRC（National Response Center）への通知が義務づけられている。フロリダ州では，ハリケーンでの災害が多いことから，消防等災害直接対策を実施する部門と協力して州政府の環境保全部門におけるスーパーファンド法での対応や対策が行われている。

人為的に発生している地球温暖化は，これまでにないスピードで気候変動を発生させているため，災害による潜在的リスクを確認し，対処する各機関が事前に検討しておくことは不可欠である。行政，産業界，一般公衆のリスクコミュニケーションの必要性は高い。しかし，世界各地で発生する山火事，洪水など想定外のことが多く，事前に十分な対処を行うことは極めて難しい。2011年に発生した東日本大震災で津波により被災した福島第一原子力発電所の事故は，各行政機関の協力，事故時の政府および電力会社のガバナンス，電力会社（および協力会社）従業員・周辺住民・自治体および政府のリスクコミュニケーションは，極めて希薄だったと考えられる。原子力発電所をはじめ巨大なエネルギーによる高温を用いてタービンを回す発電は，冷却用の海水が得られる海岸に立地されることが多いため，これまでにない大型の台風や海面上昇による高波が襲ったときの対処が新たに必要である。

この他，IPCCが問題視している熱帯性感染症の拡大，北大西洋に流れ込む氷河が溶解した淡水による塩分濃度の低下（地球をめぐる海水大循環の停止），魚類の生息の変化，農作物の生育の変化，海の酸性化による海洋生物の絶滅など大きな生態系変化が，人為的な地球温暖化が原因で発生することが予測されている。地球上の30数億年の生物の歴史では，繁栄，衰退，絶滅が繰り返されていたが，大気，水質の環境がこれまでにないメカニズムで，またこれまでにないスピードで変化した経験はない。

(4)　地球温暖化防止の国際的コンセンサス —地球表面の熱収支バランスの変化—

地球の自転軸は太陽を周回する公転軸より約23.4度傾いており，この傾きによって夏と冬の地上から見た上空の太陽の位置が変化する。この高さの変化で太陽から来る日光の量が変わり，太陽が高い位置にあるほど日光量は多くなり，太陽光に含まれる赤外線（熱）によって気温が上昇する。さらに夏は土壌に熱が蓄積し，地面から赤外線が放射されることによって暑く感じる。また，地球が傾いて自転していないと，赤道付近はさらに暑くなり，極地方はさらに寒くなる。したがって，この方向が少しでも変化すると，地球の各地域へ放射される日光や赤外線（熱）量が変化し，気温，海水温および気象，海流が変わり，環境に大きな影響を与える。同様に日光が遮断され赤外線量が減少，または二酸化炭素のような温室効果ガスが増加し熱のストック量が増加すると，生物の持続可能性が容易に失われ絶滅の危機に瀕することとなる。なお，地球に季節を作り出した自転軸が傾いた原因は，比較的大きな天体が地球に衝突したことによるとする「ジャイアント・インパクト説」が有力である。また，月の地殻成分が地球とほぼ同じであることからこの衝突の際に飛び散った破片が月になったと推定されている。月，地球および太陽は引力がバランスをとって存在しており，地球の物理的な環境にも大きく影響している。

地球に生息する生物は環境破壊によってこれまでに5回危機に瀕している。最初に起こった事件は，約4億4,400万年前のオルドビス紀末期で，火山の大噴火で発生したエアロゾルによる日傘効果による地球寒冷化で数十万年の間に生物の約85％，2回目は約3億7,400万年前のデボン紀後期に何らかの理由で生物種の82％，３回目は約２億5,000万年前のペルム紀末期のシベリアで起こった大規模な火山活動で，二酸化炭素が大量発生し海水に大量に溶け込み炭酸となり，海が酸性化したことで海洋生物の約96％（海中はアルカリ性であり，海洋生物は酸性状態では生息できなくなる），４回目は約２億年前の三畳紀末，火山活動や隕石の衝突など何らかの理由（多くの学説があり，いまだ絶滅原因は明確ではない）で陸上において大型の爬虫類等が姿を消しすべての生物種の約76％，５回目は前述の約6,550万年前の白亜紀にメキシコのユカタン半島に直径約10～11㎞の小惑星が激突し，現在でも直径約160㎞のクレーターが残っているほどの大きな衝撃であったことがわかっている。この大きなエネルギーで舞い上がったエアロゾルが日傘効果を発生させ寒冷化となったこと，および急激な気温変化で気候変動が発生して約70％の生物が死に絶えたとされている。これら生物の絶滅には，太陽から地球へ降り注がれる赤外線（熱）量の変化による環境破壊，あるいは大気中における二酸化炭素の存在率変化が大きく影響している。

なお，１回目の事件は，宇宙で起きた超新星の爆発で放射され地球に到達した放射線（ガンマ線）が環境に大きく影響したとの学説もある。２回目の絶滅は，オゾン層が形成した時期で陸上または海面近くで大量の植物が光合成を行って大気中の二酸化炭素が減少し，地球における赤外線の吸収が減少し気温の低下が起きたためという学説が有力である。３回目の環境破壊が生物種に最も大規模な被害を発生させており，カンブリア紀から海洋で繁栄していた三葉虫が絶滅している。ほとんどの生物種が消滅したため，生物多様性が回復するまで約1,000万年がかかったと考えられている。近年の人為的な二酸化炭素の放出でも海の酸性化が確認されており，海洋生物への影響が懸念されている。深海をはじめ海中の科学的知見はいまだ少ない。４回目の環境破壊では，その後生き残った恐竜が大型化し，植物ではシダ類，ソテツ，イチョウ類が繁栄するジュラ紀（約２億年～１億4,000万年）へと向かうこととなる。その後，５回目の生物絶滅に関する事件では，陸上から恐竜を絶滅させ，哺乳類が繁殖する機会を作り，地球上に人類を繁栄させる結果となった。しかし，火山の爆発によって二酸化イオウ（SO_2）が大量に発生し，大気中の水分と反応し強い酸である硫酸（H_2SO_4）を生成し酸性雨を降らせており，人類の大気汚染で大きな被害を起こしているいわゆるソックス（SOx）も，生物への被害を拡大させたことがわかっている。

現在は氷河時代で氷河期に向かっていることから，1980年代前半までは現在の気候変動は寒冷化が原因であるとの学説が主流であったが，現在では地球温暖化によって気候変動をはじめ環境変化が発生していることが共通のコンセンサスとなっている。地球に存在する熱の移動は，2021年にノーベル物理学賞を受賞した眞鍋淑郎によって1969年に「大気海洋結合モデル」が発表され，以降研究・解明が進んだ。スーパーコンピュータを使ったシミュレーションによる「大気大循環モデル」や「海洋大循環モデル」が考え出され，大気と海洋との間で熱や水蒸気が移動する過程が理論的に計算されるようになった。この研究成果は，地球温暖化，および異常気象，海流の変化などの予測解析に重要な貢献を果たしている。眞鍋が1989年にネイチャー誌で発表した「結合気象モデル」を使いコンピュータ・シミュレーションで「地球大気の二酸化炭素濃度の上昇で気温が上昇することを理論的に示した」論文では，海洋の深部が熱を溜める性質があるため，北半球と南半球では地球温暖化の進行に差が生じることも示している。

米国では，1980年と1988年に熱波が到来し，市民生活に大きな影響を与えた。1980年夏の熱波は，米国中西部と南部平原に大きな影響（６月から９月までほぼ毎日32℃）があり，猛暑と干ばつをもたらした。少なくとも1,700人が死亡，大規模な干ばつが理由で農業被害が約200億ドルとされている。また，1988年の熱波はラニーニャ現象の影響もあり，ミシシッピ川などの主要河川の水位が大幅に低下し，著しい乾燥がアイオワ，イリノイ，オハイオなど米国の中西部で起きた。このため世界的なトウモロコシ生産地域（コーンベルト）が大干ばつとなり，その他農作物生産にも極めて大きな被害が発生した。

1988年６月に米国上院エネルギー委員会の公聴会において，NASA（National

図2-12　**海洋表面の熱によって水蒸気が上昇し発生した積乱雲**

海面近くの密度が高く温度が高い空気が，気温が低く気圧が低い上空へ上昇すると断熱膨張し，さらに空気の温度が低下する。上昇気流で運ばれた水蒸気は凝縮・凝結し，氷の結晶となり雲となる。上昇気流が強く急激に飽和状態となると積乱雲となる。上昇気流より重力のほうが強くなると降下し，溶解すると雨となり，溶解する前に地上に降下すると雹，霰，あるいは雪となる。太陽からの赤外線（熱）は，気圧によって水蒸気への熱の伝わり方が変化するが，地上または海面の水に多くが吸収される。二酸化炭素の熱の吸収によって気温が上昇し，水蒸気量が増加し空気中での熱の吸収量も増加する。

Aeronautics and Space Administration：米国航空宇宙局）所属のJ.ハンセンが「最近の異常気象，とりわけ暑い気象が地球温暖化と関係していることは99％の確率で正しい」と述べ，「ニューズウィーク」誌などの雑誌やテレビなどのマスメディアで「地球温暖化による猛暑説」と報道されたことで社会的な注目となった。その後，1988年８月には，世界気象機関（WMO）と国連環境計画（UNEP）の共同で気候変動に関する政府間パネル（Intergovernmental Panel on Climate Change：IPCC）が設立されている。この現象の検証のため，NOAA（National Oceanic and Atmospheric Administration：米国海洋大気庁）の眞鍋は，この現象をスーパーコンピュータで計算・解析し，その結果，地球温暖化による異常気象であることを1988年10月に発表し，日本をはじめ世界中にこの研究成果が広がった。同月にはカナダ・トロントで「変化しつつある大気圏に関する国際会議」が開催され，「先進国が2005年の二酸化炭素排出量を1988年より20％減らす」という数値目標（トロント目標）が初めて提示され，行政レベルでの地球温暖化原因物質削減活動のきっかけとなった。

その後，1992年にブラジルのリオデジャネイロで開催された「国連環境と開発に関する会議（United Nations Conference on Environment and Development：UNCED）」で「気候変動に関する国際連合枠組み条約」が署名され，1994年に発効に至っている。その後，その対策として，人工的に発生する二酸化炭素等地球温暖化原因物質（二酸化炭素，酸化二窒素，メタン，六フッ化イオウ，HFC類，PFC類）の放出抑制を目的として排出権取引，CDM（Clean Development Mechanism），共同実施（Joint Implementation：JI）など経済的誘導策を主とした「京都議定書」が1997年に採択された。しかし，地球温暖化原因物質排出量が多いロシア，米国が批准しなかったため発効が困難になったが，湾岸戦争でイラクでの石油採掘権を失ったロシアと米国が対立し，2005年２月にロシアが批准したことで排出量に関する発効要件を満たし発効することができた。ただし，中国をはじめ排出削減義務がない工業新興国の地球温暖化原因物質排出量が急激に増加し，米国は参加せず，その他先進国を中心とした京都議定書の削減義務だけでは地球的規模での効果が期待できなくなった。第２約束期間（2013年～2020年）に入っても，カナダ，日本，ロシア，ニュージーランドは事実上京都議定書には参加しておらず，京都議定書の効力はほとんど期待できなくなっている。

その後，2015年に米国のバラク・オバマ（Barack H Obama）大統領と中国の習近平主席での合意後，「京都議定書」とは別に，「パリ協定」が採択され，2016年に発効している。オバマ政権後のドナルド・トランプ政権は，「パリ協定」脱退を表明したが，2021年１月にジョセフ・バイデン（Joseph R Biden）大統領は再参加している。パリ協定では，批准国が「平均気温の上昇を産業革命前から２℃未満に抑え，1.5℃を目指して努力すること」と目標が定められている。2015年に当該協定が採択されすぐに米国，中国，ロシア，カナダ，日本，EU等147ヵ国・地域（世界排出量の約86％を占める国々）が目標発表しているが，地球温暖化原因物質の削減に関する統一した数値規制がないため，目標がクリアできるかは疑問視されている。

オゾン層破壊による紫外線増加で，６回目に当たる新たに発生した地球生物の絶滅の危機は，「オゾン層の保護のためのウィーン条約」による国際的な協力によって回避，あるいは延命することはできた。しかし，別の深刻な危機である地球温暖化を原因とする気候変動等による人類および生物絶滅の危機はいまだ回避できていない。

ただし，地球表面の熱収支バランスの変化に関しては，自然科学面ではいまだ不明な部分が多く，対処方法に合理性を持たせることは困難と考えられる。また，急激な地球温暖化によってどのような環境破壊が発生するか予測困難な部分も多い。例えば，約24億5,000万年前から22億年前と，約７億3,000万年前から６億3,500万年前にスノーボールアース（または全球凍結）という地球全体が氷河に覆われた時代もあったとする仮説もある。1992年にカリフォルニア工科大学のジョセフ・カーシュヴィンク（Joseph L. Kirschvink）がアイデアとして専門誌に発表し，1998年にハーバード大学のポール・F・ホフマン（Paul F. Hoffmann）が科学雑誌「サイエンス」に投稿し，近年支持されるようになってきている。人類による6回目の生物の絶滅は，自然科学および社会科学面から研究を進め，積極的に対処し回避していかなければならない。

2.4 人工核エネルギー―放射線による被害―

放射線には，アルファ線（陽子線）とベータ線（電子線）といった粒子放射線（以下，粒子線とする）およびガンマ線，エックス線（学術分野によっては放射線と見なさない）など電磁波とがあり，粒子線は磁場によって進む方向が曲げられる。恒星から発せられる光の中には，放射線も含まれ宇宙を飛び交っている。人類は，この宇宙で作られ，地球で生命を誕生させ，生活には欠かせないエネルギーを人工的に生成することに成功している。

原子核に秘められたエネルギーの存在をアルバート・アインシュタイン（Albert Einstein）が理論的に示し，核エネルギー開発が進められている。当初は，ウラン235の核分裂による原子力開発が行われ，並行してウラン238に中性子を照射し原子核を不安定にしたプルトニウム239の核分裂へと広がり，米国のマンハッタン計画でエンリコ・フェルミ（Enrico Fermi）とロバート・オッペンハイマー（J.Robert Oppenheimer）によって，ウラン235とプルトニウム239を用いた原子爆弾（核分裂によるエネルギーの爆発的放出）が作られ，1945年に投下されている。米国の記録文書では，この第二次世界大戦による攻撃は原子爆弾の実験（experiment）と示されており，科学者の知的欲求と戦後の戦勝国の対立を踏まえた政治家のおかしな戦略が合致してしまっている。ただし，政治家はこの事実の正当性を主張し，研究開発者２名および基本原理を考えたアインシュタインなど科学者は，恐ろしい兵器を作ってしまったことを悔いている。

その後，宇宙におけるダークエネルギー，ダークマターを除いた世界で，恒星の光を作り出している核融合反応によるエネルギー生成に人類は成功している。核分裂でも同様であるが，核融合反応もエネルギーを発生させ，核爆弾のように破壊を目的とした水素爆弾は比較的容易に作れても，発生させたエネルギーを安全に利用するためにコントロールすることは極めて困難である。そもそも宇宙で莫大な銀河に加速度を持って移動させている不明なエネルギー（ダークエネルギー），宇宙に存在する星など物質の質量以上に引き合い移動している不明な質量（ダークマター）もまだ明確に確認されておらず，量子，素粒子研究をさらに進めなければならないだろう。しかし，核爆弾による破壊以外，エネルギーを管理する自然科学的な知見が十分でないにもかかわらず，すでに平和利用という謳い文句のもと世界中で利用されている。科学的知見が少ないことから，環境法令による規制を行えば，自然災害（あるいは戦争による攻撃）などリスクが不明な部分への汚染防止対策を定めると莫大な環境コストが必要となる。

現在の人類が行っている核融合は，３重水素（質量数３：Ｔトリチウム）と２重水素（質量数２：Ｄジューテリウム）を反応させて行っており，国際プロジェクトとしては，1985年の米ソ首脳会談において，平和目的のための核融合研究を国際協力のもとで実施することが提唱されたものである。国際的な取り組みとしてITER（イーター［International Thermonuclear Experimental Reactor］）計画として実施されており，フランス，日本などが中心に研究開発，実用化が進められている。この反応を利用すると理論的には無限のエネルギーが得られ，現原子力（核分裂）とは比べものにならない。１億℃以上の反応に成功しており，同じ質量のウランによる核分裂反応のおよそ4.5倍，石油を燃やして得られるエネルギーの8,000万倍となる。なお，核分裂反応を停止させるには１ヵ月以上要するのに対し，核融合反応は反応物の供給を止めることで停止することができる。

原子力発電のエネルギーを生成するための反応は原子爆弾と同じ核分裂で，核融合発電のエネルギーを生み出す反応は水素爆弾と同じ核融合であり，他国を威嚇するため，あるいは戦争に勝つために利用するようなことがあれば，前節（および図２-13参照）であげた地球における６度目の生物の絶滅として，人工的な地球温暖化により極めて短時間で壊滅的な状況になる恐れがある。すべての核爆弾が使用されると，地上のすべての生物が死滅するだろう。

しかし，核兵器使用を止めるには，国際連合安全保障理事会の常任理事国（Permanent members of the United Nations Security Council）[＊8] 5ヵ国の役割が極めて重要であるが，常任理事国は，米国，英国，フランス，ロシア，中国（中華人民共和国）と第二次世界大戦の戦勝国であり，1945年以降，核爆弾の威嚇を背景に東西冷戦を行ってきた国々である。核戦争になると人類および地球生命のすべてを核エネルギー熱および放射線で絶滅させることができ，地球上で起きる最も悲惨な状況となる。2022年のロシア軍のウクライナ侵略では，軍事的制圧目的でロシア・プーチン大統領が核兵器の使用を口頭で繰り返している。国連安全保障常任理事国が核爆弾を持たない国に対して威圧すると，自国の自衛のために核爆弾を所有，あるいは製造する国が増えることが予想される。人類は，自ら核エネルギーと放射線に曝露される確率を上げ，死滅の確率を上げている。この5ヵ国に核爆弾を保有する権利を与えていることは疑問である。

1970年に発効した「核兵器の不拡散に関する条約」では，国連安全保障常任理事国の5ヵ国のみ核爆弾を保有することを認めている。この条約には，わが国をはじめ191ヵ国が批准しているが，インドとパキスタンが，上記5ヵ国のみ核爆弾の保有を認めるのは不平等として加盟していない。また，イスラエル，南スーダン等も加盟していない。なお，1952年に米国が水爆実験に成功し，翌1953年には当時のソ連も成功したことで，人類の世界的危機の緊張が高まり，米国のアイゼンハワー大統領が1953年12月に国際連合総会で，“Atoms for Peace”を提唱し，IAEA（International Atomic Energy Agency：国際原子力機関）憲章が関連主要18ヵ国の批准を得られ発効した。IAEA憲章の目的は，「全世界の平和，保健および繁栄に対する原子力の貢献を促進し，増大するよう努力すること」となっており，原子力の平和利用（原子力発電）が目的であるが，原子力発電所で燃料としているのはウラン235（^{235}U）である。地球上に存在するウランの約99.275％を占めるウラン238（^{238}U）は，原子力発電所の原子炉で中性子が照射されることで，化学的に不安定なプルトニウム239（^{239}Pu）となる。このプルトニウムは1945年

億年

46.0

地球誕生

宇宙の物質が衝突しできたため，その運動エネルギーが熱エネルギーになり，最初数億年程度は灼熱であったと推定されている。このため，岩石からこの当時の記録を測定することはできない。

ジャイアント・インパクト（衝突）：地球が傾き，破片で月誕生

先カンブリア紀　**約30億年前に藍藻類－光合成**　→酸素生成

・・・ストロマトライト化石

カンブリア紀　三葉虫など節足動物等繁栄

5.0

①オルドビス紀末期　火山の大噴火の煤煙による日傘効果：地球寒冷化
数十万年の間に生物の約85％絶滅

4.0

＊オゾン層生成－地上への紫外線低下（時期については複数の学説がある）

②デボン紀後期　生物種の82％絶滅（絶滅理由はさまざまな学説がある）

3.0

③ペルム紀末期　シベリアの大規模な火山活動でCO_2大量発生
海水に溶解（炭酸生成）海の酸性化－海洋生物の約96％絶滅

2.0

④三畳紀末　火山活動や隕石の衝突など（絶滅原因はまだ不明）
陸上で大型の爬虫類等が姿を消しすべての生物種の約76％絶滅

1.0

⑤白亜紀　メキシコのユカタン半島に直径約10～11㎞の小惑星が激突
粉塵による日傘効果で寒冷化，気候変動で生物の約70％絶滅
・・・恐竜等が絶滅

現在

６回目の地球生命危機の恐れ　・・・**人為的原因**

オゾン層破壊
紫外線増加

地球温暖化
気候変動
海の酸性化

核開発－**核兵器**　ミサイル 人工衛星
原子爆弾
水素爆弾
（原子力発電所事故）
軍事兵器
微生物・ウイルス兵器，化学兵器等

将来　etc.

図２-13　**地球生命における過去５回の絶滅危機と次の危機**

に日本の長崎に投下された原爆（ファットマン）となったもので，原子力発電所の核廃棄物から抽出・濃縮すれば原爆の原料となる。原子力発電で電力を供給する平和利用目的のウランが，戦争用の核爆弾原料にもできるといったリスクも持っている。

【注釈】

（＊1）　NASAの測定以前に1984年に英国南極観測隊の施設ハレー基地でジョセフ・ファーマン（Joseph. Charles. Farman），ブライアン・ガードナー（B. G. Gardiner），ジョナサン・シャンクリン（J. D. Shanklin）によって南極上空にオゾンホールが生成されたことが発見されている。彼らの科学雑誌『ネイチャー』（1985年12月）での報告では，南極上空のオゾン量は，1970年代に比べ40％以上も減少していることが述べられている。

（＊2）　この論文を発表したフランク・シャーウッド・ローランド（Frank Sherwood Rowland），マリオ・ホセ・モリーナ・エンリケス（Mario José Molina Henríquez）および，同じオゾン層の破壊について研究成果があったオランダ人化学者パウル・ヨーゼフ・クルッツェン（Paul Jozef Crutzen）が，1995年にノーベル化学賞を受賞している。

（＊3）　フロン類代替物質（HFC類）が普及するまでは，オゾン層破壊係数が低いHCFC（Hydrochlorofluorocarbon）等が過渡的物質として使用されている。

（＊4）　世界の大手化学メーカーによって安全性評価として，PAFT（Program for Alternative Fluorocarbon Toxicity），環境影響評価としてAFEAS（Alternative Fluorocarbon Environmental Acceptability Study）と呼ばれる試験が実施されていた。

（＊5）　江戸時代に書かれた「琵琶湖真景図」で森林がなくなったことが確認できる。

（＊6）　オーストリア周辺など東太平洋の海水面が平年より降下した状況となることをラニーニャ現象という。エルニーニョとは，スペイン語で「幼子イエス」を意味し，ラニーニャとは，その女性形の言葉であり，この2つの現象を区別するために使われている。

（＊7）　スーパーファンド法とは，包括的環境対策・補償・責任法（Comprehensive Environment Response, Compensation and Liability Act of 1980；CERCLA）およびスーパーファンド改正再授権法（Superfund Amendments and Reauthorization Act of 1986；SARA）を総称している。

（＊8）　代わることがない常任理事国とは別に，10カ国の非常任理事国が選挙で選ばれている。任期は2年間で1年ごとに半数が交代する（国連憲章 第23条）。なお，憲章が規定する国連の公用語は中国語，英語，フランス語，ロシア語，スペイン語の5カ国語である。現在では，総会，安全保障理事会，経済社会理事会の用語はアラビア語が増え6カ国語になった。これらの用語のうちフランス語と英語が事務局と国際司法裁判所の常用語である。

第3章

有限な地球と人の無限な欲望

3.1 コモンズの危機―持続可能な生存の危機―

(1) グローバルコモンズ

自然環境の中には，生物に有害な化学物質がたくさんあり，多くの生物が死滅している。第2章までで述べたように地球全体の環境を破壊するような原因は，火山の爆発，または宇宙からの小惑星の衝突で発生した粉じんによる日傘効果による寒冷化，気候変動，二酸化炭素大量排出による海洋の酸性化などである。しかし，人類は宇宙からの紫外線防御システムを人工化学物質によって破壊し，大気中に二酸化炭素をはじめ多くの地球温暖化原因物質を放出し，地球温暖化および海の酸性化を引き起こしている。

これらは人類の繁栄のために発展させた科学技術の結果であるが，利点のみに注目した結果であり，中長期的に生存に不可欠な自然環境を破壊するという欠点を予見できなかったことにある。また，「もの」と「サービス」に満たされている平穏な生活がいつまでも続いてほしいといった儚い願い，あるいは現在がいつまでも続くといった固定観念がある可能性もある。特に地球温暖化による環境破壊は，原因物質の発生源が，産業，一般公衆全般にわたり，汚染原因と環境破壊の因果関係がほぼ明確になっても，被害者が至る所に存在するため，責任の所在が不明確であるところに困難さがある。また，地域によって人の被害度合いが異なり，さらに利益を得る者が同時に存在し，損害を生じている者とが複雑な関係にあることで解決を遅らせている。今後問題になっていく海洋汚染問題も，同様な状況になると考えられる。特に海洋プラスチック汚染は発生源が特定できるものがあるため，民間レベルでは利害関係が生じることが予想され，汚染者負担について国家間（政府間）の対立も生じることが懸念される。

人類が火を使い始め，次々と科学技術を利用し始めたときには，大気，海は無限にあり，バイオマスや鉱物，化石燃料など資源を化学変化させ廃棄しても自然の中でどこかに行ってしまう，あるいはどこかで浄化されてしまうと考えていたと思われる。なお，縄文時代には，捨てたものはまた生き返ると考えていた例もある。自然にリユースされると思っていたのかもしれない。室町時代以降，捨てた道具などが妖怪(＊1)になるとも思われており，当時の絵画に描かれている。ものにも魂があり時空にそのまま存在すると考えていた可能性もある。

しかし，いまだに自然は人のためにあり自分を中心に土地や大気，海はどこまでも続くといった天動説的な考えを持った身勝手な人は存在している。宇宙や地球の時空に関する自然科学が解明されていることから，人の活動は自然環境システムの中の一部であることを理解していかなければならない。現社会は，環境条約，環境法令等を実施するにも人間を中心とした環境対策を行っていかなければ，国内外のコンセンサスを得ることは難しい。しかしながら，人類が持続的に存在するには，人間はこの自然システムの中で生存できていることを踏まえていかなければならない。

⑵　コモンズの維持

急激な人類の繁栄にともない，明確な環境の変化で自然システムが破壊され，短期的に明白な被害者が発生する事態が発生している。特に，環境を測定できる科学技術が発展してくると，自然環境の変化の原因も漸次ではあるが，因果関係が解明したことでわかってきた。

約6,000年前に地球が温暖化していた縄文時代から栗などを山に植えて生態系を管理しており，自然を利用した里山に近い食料調達をしていたと考えられる。また，狩猟や漁猟などにおいては，自然の恵みとして必要以上には捕獲していない。このような猟の方法は，食料は神からの恵みとしており生

図3-1　**大湯環状列石遺跡(約4000～3500年前)：秋田県鹿角市十和田**

周辺の落葉広葉樹林から採取できるドングリ，栗，トチ，クルミ，ハシバミの実が食料となり，シカやイノシシなど動物も野山に生息しており，弓山などで狩猟を行っていた。現在でも住居の近くに栗林（写真奥）があり，里山として食料調達を行っていたと思われる。
また，地球が温暖であったため，現在は標高約180メートルの台地であるが当時は海面が高く比較的近くまで海が迫っていたと考えられる。近くに河川（米代川支流の大湯川：サケ・マスが遡上）もあったことから，漁猟，シジミ，アサリなど貝類も食料として採取していた。当該大湯環状列石には，掘立柱建物，貯蔵穴，土坑墓などが同心円状に配置されており祭祀遺跡と考えられている。日本最大のストーンサークルで，環状木柱列（ウッドサークル）もある。この周辺に村や墓地を作っていたと考えられている。
1956年に「文化財保護法第109条第１項」に基づく国の特別史跡に指定され，2021年７月に「北海道・北東北の縄文遺跡群」の１つとして「世界の文化遺産および自然遺産の保護に関する条約」の世界文化遺産に登録されている。

態系の持続可能性を高めている。現在でも昔からの猟の手法として受け継がれているところが国内外に存在する。この秩序は自然を神と信仰する習慣に基づき保たれていることがしばしばある。

弥生時代になると寒冷化が進み狩猟のみで食料を確保するのが困難となり，稲作が始まり自然システムを利用した穀物生産も始まっている。寒冷化など気候が暮らしにダメージを与え始め，呪術など見えない（自然の）力に恐れを抱きだしている。その後，食料調達の持続可能性を維持するために，集落に隣接した山や海の生態系の管理が高まっていき，里地里山，里海などの入会権，入浜権，入漁権などが作られ，水利権，漁業権などへと発展していく。このような管理は，人の生活を支える食料の調達および経済的な利益を得るための土地や川，海の生態系を維持していくために行ったことである。

デンマーク，ノルウェーなどに定住していた農民，漁民だったバイキング（Viking）は，８世紀前後から武装船団で北欧から北米まで侵略している。人口増加，気候変動による農耕地の不足などで新たな土地が必要になったとの学説がある。11世紀頃まで北欧を中心に勢力を広げたが，グリーンランドなど痩せた土地では農耕が不可能になり撤退している。デンマークのクヌット２世がイングランド，デンマーク，ノルウェーに築いた北海帝国（Anglo-Scandinavian Empire：アングロ・スカンディナビア帝国）では，森林保護を目的とした森林法（1014年）が制定されている。バイキングは，自然の変化と生活との関わりについての重要性を知っていたように思われる。

その後，英国などでは支配階級が持つ土地で，一般庶民が狩猟等を共有して行うことができる場所をコモンズ（commons）として保全する考え方が生まれる。コモンズから持続的に経済的価値を得るには，生態系を破壊しないような維持が必要となることに理解があったと考えられる。世界最初の環境NGO（Non-Governmental Organization）は，1866年英国で設立された「コモンズ保存協会」とされている。18世紀半ばから産業革命が始まって公害が深刻になり，コモンズである環境（大気，水質など）保全に注目が高まり環境NGOが設立されたと考えられる。産業革命以前は，里地・里山，里海，

図3-2　漁業権による海洋資源保護（禁漁）2015年撮影

昔は入浜権で保全されていた海産物となる海洋生物の生態系であるが，現在では法令によって規制され守られている。「漁業法」は，1901年に「明治漁業法」が制定され，1949年に現「漁業法」が制定されている。2018年には，水産資源の持続的な利用の確保を進めるために改正され，「水産資源の保存及び管理のための措置並びに漁業の許可及び免許に関する制度その他の漁業生産に関する基本的制度を定めることにより，水産資源の持続的な利用を確保するとともに，水面の総合的な利用を図り，もつて漁業生産力を発展させること」（第１条）を目的とした。
また，漁業権については，「漁業協同組合及び漁業協同組合連合会以外の者は，入漁権を取得することができない」（第97条）となっている。
また，第８条には，「資源管理は，漁獲可能量による管理を行うことを基本としつつ，稚魚の生育その他の水産資源の再生産が阻害されることを防止するために必要な場合には，漁業時期又は漁具の制限その他の漁獲可能量による管理以外の手法による管理を合わせて行うものとする」ことも定められた。

里川は，地域の食料供給および経済的利益を生み出すものとして，地域の入会地として入会権がない者は入ることができず，持続的に保護されていた。ガレット・ハーディンが提唱した「コモンズの悲劇」を防ぐための地域の手法が，産業革命以後崩れだしている。

これまで生態系から得られてきた利益より高い価値が出現した場合，コモンズ（共有地，大気・空気，河川，海洋，宇宙など）の秩序は崩壊の危機に瀕する。環境と同様に経済的価値の変化も非常にナイーブである。そもそも地球上の土地や空間，ものに所有権，占有権を設定したのは人であり，人の価値観で共有の捉え方は容易に変化する。コモンズが大きくなると，共有地を誰がどのように使用できるのか，どのように割り当てられているのかを定めるのは難しい。地球の大気に少数の国が二酸化炭素など地球温暖化原因物質を大量に排出している状況であるが，大気はグローバルコモンズを維持しているのか疑問である。海洋，河川に関しても同様である。これまで経済的価値を保って，人が生活していくうえで生存していく権利と幸福に生きていく権利を確保してきたコモンズは，国際関係においては自国の経済的利益が優先しているため積極的な保全は困難である。共有地における人の欲望による「逃れようとしても逃れられない」行動が起こっているとも考えられる。

科学技術の発展と経済成長によって地球に存在する鉱物やエネルギー資源などが，効率的に採掘され人の活動が急激に拡大し，消費量が膨大になっている。これと併行して人にとっては価値がなくなった廃棄物が急増している。廃棄物には，産業や人の生活からゴミとして固形，または下水など廃液として排出されるものおよび大気に放出される排気がある。固形物は焼却処分，またはマテリアルリサイクル，サーマルリサイクルされ産業廃棄物または一般廃棄物最終処分場（埋め立て地）に最終処分される。なお，中間処理にあたる焼却，またはサーマルリサイクルで燃焼されても，環境法令基準値以内の気体状有害物質，および有機物が燃焼で酸化され二酸化炭素になった気体は大気中に廃棄される。廃棄物中間処理では，固体および液体廃棄物の直接人に有害となる環境リスクを極力減少させた減量化を目的としているため，

図3-3　**コモンズの悲劇（羊の放牧共有地）**

共有地の悲劇は，「誰もが利用できる牧草地（共有地）に，人々が特定の放牧地に羊を飼っていること」を想定する。その共有地で「ある人が羊を過剰放牧して，放牧地に公平に分配されているはずの牧草の自分の取り分より多く得ると，その者はその分多く利益を得ることができる。対して，その他の人々はその者の利益分を均等に損害分担することとなる。利益を得る者は，その後限りなく羊を増やし続け，いずれ他の者も同様な行為に及ぶようになる。その結果，この放牧地（共有地）すべてが，荒廃してしまう」ことを想定している。ガレット・ハーディン（生物学者）は，この悲劇を環境破壊の逃れようとしても逃れることのできない要因として挙げ，この「共有地の悲劇」の考え方は，1968年6月米国ユタ州立大学で開かれた米国科学振興協会太平洋支部の会合の会長演説として発表された。その後「サイエンス」誌1968年12月13日号（162巻，1243頁～1248頁）に掲載されている。
漁業に当てはめてみると，対象となる魚は漁猟によって乱獲されればその種は絶滅してしまうこととなる。いわゆる海の生物多様性が崩壊してしまい，コモンズが崩壊する。里地，里海等も経済的なメリットが喪失すると，保全管理は続かず荒れ果ててしまう。

廃棄物が増加すれば地球規模の温暖化を引き起こす二酸化炭素の排出も増加する。ただし，焼却で発生する熱で発電等も行っている施設が増えていることから，化石燃料の減量化または省エネルギー化に機能している。

生態系では食物連鎖を中心として，なるべく無駄を少なくした物質循環が行われている。しかし，数千万年の期間では植物が大繁殖して，光合成によって地球上の二酸化炭素が減少し地球が寒冷化したとの学説もある。他方，環境の状況は存在する化学物質の種類，比率で変化し，化学反応によってその性質も変わる。場合によっては生態系も崩壊させる。工場からの排出物で比較的短期間で生態系が変化してしまうこともある。

⑶　コモンズの崩壊と開発―水質汚濁防止法制定による再発防止―

特定の地域に新たな化学物質が入り込むことで環境自体が変化し，生態系が変化することもある。人類の活動拡大は，自然にはない物質の移動や濃度の変化などを作りだし，特定の地域の生態系を比較的短時間で破壊することもある。環境法は，大気，水域，土壌，海域で人に健康障害を発生することを防止し，生態系破壊による人類への悪影響を防止するために存在している。しかし，これら被害を予防することは極めて難しく，被害が発生したものに対して原因分析を行いハザードを確定し，閾値（生体に反応を引き起こす限界最小値）未満にできるような濃度または総量，いわゆる曝露量を調査研究し，再発防止をするための基本的な排出基準値を設定することとなる。

日本の「水質汚濁防止法」の制定のきっかけとなった事件が，千葉県の浦安市で発生している。東京都江戸川区の製紙工場（本州製紙江戸川工場）から有害物質（酢酸アンモニア）を含んだ排水が流され，1958年６月10日東京湾浦安の漁民が江戸川水系の漁業に被害を与えたことに抗議して当該工場に押しかけた。その際に数百人規模の警官隊と衝突し，百数十人にものぼる負傷者と数名の逮捕者を出した。事件前（同年４月17日）に，町，製紙工場，千葉県の三者の立ち会いで実態調査が行われ，町から製紙工場へ汚水流出の中止を申し入れ（同年４月22日），千葉県から東京都（本州製紙は東京都側の江戸川沿岸にある）へ「水質検査が終わるまで汚水流出を禁止する処置をとるよう」申し入れたが，工場は無害を主張し，流出を止めようとはしなかった。この時点で浦安の公有水面における貝類は約７割が死滅している状態(＊2)であり，生活が脅かされていた。環境状況改善が見込まれない状態に強く不安を感じていた漁民の感情が爆発したと考えられる。この環境問題が発端の騒動は，「浦安漁民騒動事件」といわれている。

この事件は，東京都にあった本州製紙の排水（富栄養化および有害物質）が原因で浦安の海岸に生息する貝類を中心に海洋生物が死滅したことで，漁業に大きな被害が発生し，漁民自ら被害の拡大防止を求めたものである。争点の背景には，加害者が立地する東京都と被害者の漁民が居住する千葉県の行政間の対立も明確となっている。その後，浦安の漁場（遠浅：のり養殖，アサリ漁）は有害物質による海洋汚染によって急激に衰退し，漁業は継続できなくなった。漁民には，漁業と農業を併行して行っている者と漁業のみを行っているものがいたが，漁業のみで生活を支えていた者は困窮することとなった。したがって漁業を継続していくことは不可能となり，漁業法に基づく漁業権を手放すことになった。

第29回国会参議院決算委員会議事録によると，本州製紙江戸川工場では1958年３月下旬に，パルプを１日70トン生産できるケミカルパルプ製造装置を導入している。この装置では，和紙など紙すきのように製紙の過程でパルプの繊維に柔軟性を与え絡みやすくするために物理的に繊維を切ったり押しつぶしたりする（叩解）のではなく，化学薬品で木材をほぐす化学的方法（蒸解）で製紙用紙を製造する。蒸解で作られるパルプは繊維の強度は低くなるが，異なった種類の木材繊維と混合して製造することができる。蒸解では，製紙に必要なセルロースを分離する際に，原料の木材に圧力をかけて不要な成分であるリグニンを薬品（溶剤）で分解抽出し分離すると記録されている。

本州製紙江戸川工場では，パルプ製造材料としてこれまで使用していた松

図３-４　コモンズである海洋における漁業の管理

「漁業法」では，行政庁が公共水面および一体をなす隣接水面で漁業を独占的に営む権利を定め特定の漁業者に免許（漁業権）を与えている。漁場に関して，第30条第１項で「漁業権は，登録した権利者の同意を得なければ，分割し，変更し，又は放棄することができない」，第32条第１項で「漁業権の各共有者は，他の共有者の三分の二以上の同意を得なければ，その持分を処分することができない」と規制されている。このため，漁業権者が変更に同意，または放棄しなければ，改変（埋め立て等）はできず，共有している場合も権利者の３分の２以上の同意が必要となっている。また，漁業法によって保護されている漁業権があると公有水面を容易に埋め立てることはできない。本法律第43条第１項第１号には「入漁権は，物権とみなす」と定められており，財産権として「所有権・占有権・地上権・永小作権・地役権・入会権・留置権・先取特権・質権・抵当権」が主張できる。第２号で「入漁権は，譲渡又は法人の合併による取得の目的となる外，権利の目的となることができない」，第３号で「入漁権は，漁業権者の同意を得なければ，譲渡することができない」と示されている。

に代えて，原木資源として広葉樹を使用する設備を導入し，亜硫酸アンモニウムでリグニンを分離し，黒液と呼ばれる黒褐色の排水を河川（江戸川）に放流した。当時は，水質汚濁の原因と予測される亜硫酸アンモニウム，リグニンを排出抑制する環境法令はまだ制定されていなかった。工場長は，「この排水はほぼ中性であり，茶褐色をしているが多量の川の水で薄められるため，有害とは思っていなかった」と過失の要件である予見可能性を否定している。

水面使用に関しても漁業法第28条第１項で「漁業権者の有する水面使用に関する権利義務（当該漁業権者が当該漁業に関し行政庁の許可，認可その他の処分に基づいて有する権利義務を含む）は，漁業権の処分に従う。」となっており，漁業権者が権利を有している。江戸川水系の漁業権に関しては，本州製紙江戸川工場から放出された有害な廃液が原因で生態系が破壊され，漁業が壊滅的打撃を受けたことで，漁民は生活ができなくなり漁業権を手放し，1971年にはすべての地域の権利が放棄されている。なお，この海岸域は，1962年から地域再生（活性化）が進められ，江戸川水系は1964年から人工的に作り変えられ，京葉地域の工業化および都市開発が政策的に進められた地域である。

海洋汚染によって漁場としての経済的価値がなくなった江戸川水系の海域は，高度成長期に開発が進んでいた千葉県の浦安市から富津市にいたる約80㎞にわたる臨海地域と京葉工業地帯の一部である。当該工業地帯のほとんどが遠浅の海を埋め立てて作られており，多くの漁場（浦安などのアサリ漁，潮干狩りやノリ養殖をしていた海域）である公有水面が失われた。すなわち，昔ながらの漁業で保全されてきたコモンズが喪失している。土地利用が変わり複数の港（千葉港，京葉港など）が整備され，多くの工場，鉄道，道路，工業用水道，住宅地など人工物が作られた。しかし，急激な開発であったため複数の箇所で地盤沈下が発生し，大気汚染問題などが発生している。

漁場であった公有水面いわゆるコモンズは，公共事業によって埋め立てられ喪失している。現在の浦安市における約３分の２の面積は，この際の埋め立てによって作られたものである。埋め立て地には大規模な都市開発が行われた。その後，大型リゾート施設も建設され国内外からの観光客が多数訪れる場所となっている。したがって，里海を利用した経済活動は，環境保護を行わなかった工業生産により一方的に破壊され，人工的に作られた土地に一大都市開発，リゾート開発で大きな経済的利益を上げているといえる。しかし，地震で発生した液状化による災害，生態系の自然循環の喪失など自然破壊に関する環境影響評価による検討・対処が欠落している。さらに，利益を得た多くの者と少数の不利益を生じた者が明確に分かれている。不利益を生じた者は，里海で持続可能な生活をしていた漁民とその家族である。

自然を利用しダメージを与えないような長期間続いた平穏で安定した浦安の漁村の生活は，生産性が低く経済効率は悪い。しかし，持続可能性がある経済活動は，いったん失われると元に戻すことは極めて難しい。浦安のように土地自体を改変してしまうと，自然，里海は元に戻すことは極めて困難であるといえる。しかし，この事件がきっかけとなり，1958年12月25日に水質保全のための法律（「公共用水域の水質の保全に関する法律」および「工場排水等の規制に関する規制」）が公布され，わが国で最初の公害法が制定された。この法律は後に「水質汚濁防止法」（1970年12月25日公布）となり，日本各地で発生の可能性があった水質汚濁の防止に貢献している。

浦安漁民騒動事件よりかなり前の1890年に，静岡県富士市で富士製紙が汚染水を潤井川に放流し，周辺住人が補償請求を行ったという事件がある。その後富士市にある複数の製紙工場からの汚染水が海に有機物と複数の有害物質（その後ダイオキシン類も含まれていることがわかり，1990年以降具体的な対策が行われている）を含んだ汚染物が海底に蓄積し深刻な公害問題となった。この蓄積された汚染物は，「ヘドロ」（公害用語）と呼ばれた。海岸地域の貝類等海洋生物死滅における被害について裁判では争われていないため，前述の千葉県浦安で起きた汚染による被害を直接比較することはできないが，製紙工場によって海洋が汚染した事象は同じである。1970年に提起された訴訟は，特定企業が発生させたヘドロ公害を行政（静岡県）が改善した

図3-5　**水質が改善された田子の浦港（静岡県富士市）**

製紙工場で製造しているパルプとは，木材やその他の植物を化学的あるいは機械的に処理してセルロース繊維を取り出したものをいい，紙・レーヨン・セロファンなどの主原料になる。化学薬品で木材をほぐす方法は，1885年に，スウェーデンのダールが，苛性ソーダと硫化ナトリウムを使って成功させている。ヘドロ公害の原因となったリグニンとは，セルロースとともに木材の構成成分として重要なもので，木材に数十％含まれている。植物体の細胞間の接着や細胞膜の強化などに役立っているといわれている。近年では，工場内で燃料として使用しており，廃液として排出されることはほとんどない。写真奥に白い煙を出す製紙工場が複数あるが，煙は水蒸気である。

ことに地方の税金が使われたこと（「汚染者負担の原則」を遵守していない：不公平）に問題意識を持った住民によって，住民訴訟による損害賠償の代位請求（*３）が争われた（*４）。この訴訟は，「田子の浦ヘドロ訴訟」といわれる。

当該訴訟では，１審は原告の請求は却下または棄却となったが，控訴審（２審）では，「汚水排水という不法行為を理由とする汚染者４社に対する県に代位する1,000万円の損害賠償請求」を命じる判決となった。しかし，汚染者４社はこの判決に不服を申し立て上告し，破棄差し戻しとなっている。差し戻しの理由は，「公物管理権者において，行政上の見地から，諸般の具体的事情を検討し，行政裁量により特別の支出措置を講ずることが許されることもあると解するのが相当である」と述べており，コモンズ保全のために行政裁量で改善が行われることが合法との判断に至っている。

科学技術は，公害が問題になっていた当時に比べ格段に向上しているため，環境に負荷を与えないような対策が進んでいくことが望まれる。近年，洋上（オフショア）風力発電は，海洋の魚への影響が懸念されており，事前調査など環境影響評価を行う必要がある。原子力発電所では発熱した蒸気を冷却する必要があるため海岸沿いに立地しており，漁業権との調整が行われている。他方，「世界の文化遺産および自然遺産の保護に関する条約」における自然遺産登録の審査では，IUCNによって海洋生態系維持のために漁業を中止することが助言されることもある。今後の対応に注目したい。

⑷　新たなコモンズの危機―宇宙―

宇宙は，「月その他の天体を含む宇宙空間の探査及び利用における国家活動を律する原則に関する条約（以下，「宇宙条約」とする）」（1966年採択）が，宇宙開発をしているほとんどの国が批准し1967年に発効しており，「すべての国がいかなる種類の差別もなく，平等の基礎にたち，かつ，国際法に従って，自由に探査し及び利用することができるもの」との国際的な取決めがされており，「宇宙物体損害責任条約」（1971年採択，1972年発効）もすでに締結されている。しかし，1985年に米国宇宙軍が設立され，トランプ政権時に「国防権限法」に基づき，2019年に正式に米国に「宇宙軍」が再編成されている。地上の軍隊と同様な陸軍や海軍のように軍隊として組織されている。日本をはじめ各国にも同様の傾向があり，「宇宙条約」の目的が揺らいでいるともいえる。

宇宙開発が進むと，人工衛星の故障や，人工衛星同士の衝突などが宇宙空間で多数発生している。特に軍事衛星は秘密裏に周回しているため，衝突の可能性が高く，故障または動力エネルギーの不足などで操作不能になっても情報公開されることはない。世界最初の人工衛星は，1957年に旧ソ連が打ち上げたスプートニク１号で，その後複数の国から多くの人工衛星が打ち上げられ，2021年12月現在で国連に打ち上げの報告があった人工衛星は12,000基あまりとなっている。携帯通信機器などに電波を中継する通信衛星は比較的低いところを周回しているため，重力の影響を強く受け，寿命が比較的短い。宇宙での人工衛星の物理的な移動は自然法則に従うため，墜落する位置や時間は比較的正確に計算できるが，存在情報がない軍事衛星が増えると衝突する可能性が増加する。

また，人工衛星の故障や衝突などで，周回するエネルギーを持ったままゴミとなってしまう部品や損傷物も地球の周回軌道を回っている。これらはスペースデブリといい，宇宙開発の大きな障害になっている。国際宇宙ステーションなどの動力源となっているソーラーエネルギーを生み出しているパネルに衝突し破損したり，人工衛星自体が故障したりしている。人が宇宙船外で宇宙服を着て何らかの作業をする際の，命にも関わる極めて危険な存在になっている。スペースデブリはピストルの弾より速いスピードで飛行しているため極めて大きいエネルギーを持っている。米国宇宙監視ネットワーク（Space Surveillance Network：SSN）の2008年の報告では，地球の周回上における物体の約93%がスペースデブリであるとされており，直径１センチ以下のものから５kg以上の人工衛星部品まで存在していることがわかっている。

今後宇宙からのリモートセンシング技術は，軍事用をはじめ多くの科学技術において重要になってきており，人工衛星の数は今後もさらに増加することが予想される。宇宙空間における秩序を国際間で取り決める必要がある。

3.2 環境汚染—強い光にともなう濃い影—

(1) 汚染の形態

1950年代以降のまだ環境法がなかった高度成長期には，日本では工場から当時の生産技術では不要になった化学物質が，大気，水域，土壌へと排出（廃棄）された。人類は昔からいらないもの（ゴミ）をすてる行為を行っているが，自然環境は無限に存在するといった非科学的な考え方に基づいている。欧州では石器時代から，日本では縄文時代からゴミ捨て場である貝塚の遺跡が発見されており，人類は貝殻や動物，魚の骨，土器，石器など生活ゴミ（現在の日本では一般廃棄物）を一定の場所にまとめて捨てていた。人口がさほど多くない場合は，ほとんどが自然浄化されるか，一部が化石となって残存するだけであるが，江戸時代の江戸のように100万人以上も集中すると，生活ゴミ（有機物）の腐敗（嫌気性菌による発酵）で悪臭などの公害を生み出す。

鉱山の精製など化学反応をともなう生産では，それまで環境中に存在していなかった，または高い濃度での存在がなかった化学物質が生成される。環境法令がなかった頃は，生成，あるいは副生成物についての有害性，危険性が確認されることはあまりなく，大気中に拡散するなど性質（温度変化にともなう蒸気圧数値）など生産に必要がない物理化学的性質の知見についても整理があまり行われていなかった。したがって，生産で発生した不要なものは，環境中での挙動が不明なまま排水（液体），排気（気体），廃棄物（液体，固体）として排出された。奈良時代には，東大寺の大仏製造の際，作業員や周辺地域住民に水銀中毒が発生したとされている。これは，金銅仏である大仏に金メッキ（薄膜で被覆）を行う際に金と水銀（常温で唯一液体の金属）が混合されたアマルガムが塗料として使用され，火であぶるなどして水銀を揮発によって除去したことで，その気体を直接吸引，あるいは環境中に放出された水銀が生態系で生物濃縮された農作物，川魚等を食べ健康被害が発生したと考えられる。当時，アマルガムによる塗装技術はすでにできていたが，有害物質による労働災害，公害の知見がなかったため発生した事件である。被害者は大仏を火であぶるといった罰当たりなことをした祟りとされてしまっている。人類は科学技術がもたらすメリットには注目するが，汚染や自然破壊などデメリットにはあまり目を向けない。

明治時代になると，日本では富国強兵のため殖産興業を目的として外国からの技術導入が次々と行われ，江戸時代よりも飛躍的に生産効率向上が実現する。鉱業においては，掘削能力が増し，精錬における化学的な処理に多くの化学物質が使用されるようになった。また，銅生産のように原料鉱物である黄銅鉱（$CuFeS_2$）から，化学工業などに需要が増したイオウも分離精製されるなど新たな生産工程も急激に登場してくる。鉄など海外から大量に原料鉱物（鉄鉱石など）を輸入し精錬する工場などもある。また，その他さまざまな製造工場で，酸，アルカリをはじめ膨大な種類と量の化学物質が使用されるようになった。

鉱業，工業の飛躍的な発展によって，大量の資源が消費されるようになり，これら事業所から大量の排出物が発生するようになった。自然浄化できる量を超えた段階で環境破壊は始まる。前述の江戸時代から続く鉱山の近代化で，鉱毒，硫黄酸化物（SOx）を中心としたばい煙が大量に排出され，農業，林業および住民の健康に直接影響が発生した。さらに森林破壊などで山岳地域などの保水能力が低下し，洪水も発生するなど自然災害が起きている。

大阪市にあった大阪アルカリ株式会社の肥料工場では，1981年から硫酸製造，銅製煉を行ってきたため，亜硫酸ガス（二酸化イオウ），硫酸（裁判記録では，硫酸ガスとなっているが，硫酸ミストと思われる）を周辺環境に排出し，水田や麦作地に酸性物質による甚大な被害を及ぼしている。この公害は，「大阪アルカリ事件」(＊5) といわれる。亜硫酸ガス，硫酸は強酸性の化学物質で腐食性が極めて高いため，明確に被害が現れたと考えられる。1903年から1904年にかけて急激に悪化し，被害者である原告は大阪地方裁判所に訴えを起こし，不法行為による損害賠償請求が認められている。しかし，加害者は控訴し上級審（現在の高等裁判所）は棄却されたが，その後の上告では大審院第一民事部で破棄の差し戻しを命じ，控訴審が再び行われるようになった。なお，大審院とは当時の司法裁判所の最上級審で，現在の最高裁判所のような司法行政上の監督権等は持っていなかった。

この事件に関して大審院が1916年に出した民事部判決は，「化学工業に従事する会社その他の者が其の目的たる事業によりて生ずることあるべき損害を予防するがため右事業の性質に従い相当なる設備を施したる以上は偶々他人に損害を被らしめるも之を以て不法行為者としてその損害賠償の責に任ぜしむることを得ざるものとする」と，「予防のための相当なる設備」が行われていれば不法行為とはならないとしている。大阪アルカリ株式会社が行った公害対策は煙突の排気口に網をつけただけであり，これが相当なる設備に相当するとは考えられない。この判決は政府の富国強兵策に忖度した判断で「経済政策を優先した価値判断に基づいて環境保全より産業活動を優先させたと国内外から批判された。しかし，差し戻し審では，当時日本各地で発生していた大気汚染対策では，有害な排気を高い煙突を立て遠方へ希釈して拡散させる方法がとられていたことから，予見できる公害に対して被害予防のための相当な設備がなかったとして，不法行為に対する損害賠償が認められている。その後，当該加害企業は1926年に解散し，世界恐慌の中で1936年に消滅している。

公害を発生させ一時的な利益を上げ，国家の経済成長を目的として操業をしても，最終的にはさらに大きな損害賠償を発生させ破綻することとなる。最初に被害が発生した際に，ばい煙と被害の因果関係は明確であったことから損害賠償および公害対処を行っていれば，企業としての持続可能性は保たれたと思われる。2011年に東日本大震災で発生した東京電力福島第一原子力発電所の事故も類似の失策をしている。日本におけるエネルギーの安定化のために原子力発電所のリスク分析を十分にしないまま，安全であるとマスメディアを使って広報し，国内に1970年以降40年程度で55基もの原子炉を作っている。当該事故によってほとんどの原子炉が停止し，急激に日本全体のエネルギー供給は不安定となり，経済的に莫大な損失を発生させた。原子炉からタービン（発電機），復水器（蒸気冷却装置）と循環させる沸騰水型原子炉（Boiling Water Reactor：BWR／同じ蒸気を循環させるため発電効率が良い），と加圧水型原子炉（Pressurized Water Reactor：PWR／原子炉とタービンの間で熱交換させ放射性蒸気は原子炉内だけにとどまる）の２種類を混在させ，断層なども考慮せずあちこちに建設するといった非合理的な推進，OECDから改善の指摘を受けても各電力会社の電力供給連携を十分に構築しないなど，日本政府の安易なエネルギー政策は疑問である。１基数千億円も要し一時的に日本のGDP（Gross Domestic Product：国内総生産）は向上したとしても，全くの短絡的な政策としかいえない。さらに，事故を起こした原子炉は前述の沸騰水型原子炉であったため，原子力発電所内の至る所から放射性物質が放出することとなり，その後の放射性物質放出対策（環境対策）を困難にしている。これら政策の失敗による悲惨な公害で，安易に推進していた政府の高官，天下り，政治家が責任をとっていないことである。最も改善すべき環境汚染防止システムであろう。なお，大阪アルカリ事件に関しては，1923年に大阪市長となった關一は，行政の責任を認めている。また，1960年代から社会問題になっていた新潟水俣病の被害者に環境大臣が初めて謝罪したのは2010年11月である（＊６）。

また，福島第一原子力発電所の津波による事故が起こる前に防波堤等に数千億円をかけて対処していれば，2011年11月から支払われている約10兆4,148億円（2022年４月８日現在［政府賠償：1,889億円］）の賠償金（今後も追加で支払われていく予定）（＊７），および災害による多くの周辺住民の悲惨な出来事は防げたと考えられる。原子力発電所には非常に多くの協力会社があり，電気の供給という社会的に重要なインフラを支えていたにもかかわらず，安易な政府の方針が多くの悲劇を生んだ。

原子力発電所のメンテナンスには，さまざまな業務に協力会社である中小の企業が数多く関わっており，また放射性物質の拡散により，農業・漁業等食品をはじめさまざまな商品に風評被害が発生し損害は計り知れない。さらに原子力発電の電力に頼りすぎていた日本は，現在でもエネルギー不足による経済への巨額な損害が続き，エネルギーを使用するすべての会社に悪影響が続いている。自然災害への事前対処の失敗が，日本の極めて多くの人々に不利益を与えている。当該事故で２次電源がすべて損失していれば，原子炉の破壊が進み，さらに予想もつかない甚大な放射線災害が起きていた。対して２次電源を原子炉の地下ではなく周辺の高台に設置していれば，発電を止めた後の冷却が可能となり，放射性物質の封じ込めも可能であったと推測できる。事前のリスク評価が不足していたといえる。

⑵　福祉なくして成長なし

わが国の1950年代以降の高度経済成長期も，環境保全より経済成長を優先した。1967年に制定された『公害対策基本法』では，「公害対策の総合的推進を図ることにより，国民の健康を保護し，生活環境を保全すること」が目的とされていたが，「経済調和条項」が定められていた。この条項では，産業界からの要請により規定されたもので「生活環境の保全は，経済の健全な発展との調和を図ること」と定められ，公害対策進展の足かせとなった。

浦安漁民騒動事件を機に制定された「水質保全法」（1958年制定）は，第一次産業と第二次産業の相互の調和が主に規定されている。工業（工場操業）が漁業を破壊した失敗を考慮していると考えられる。一般公衆の生活に関わる保全（公衆衛生上の配慮）を規制する法律は，1962年に制定された「ばい煙規制法」で初めて「公衆衛生上の危害の防止」が目的に規定されている。しかし，上位概念である「公害対策基本法」で経済調和条項が含まれているため，一般公衆の健康は十分に配慮されていない。

そして，４大公害や八幡製鉄所の大気汚染・水質汚濁など，社会的に公害に対する危機意識が高まり，成長政策の見直しが必要となった。1970年12月に開催された第64臨時国会（通称：公害国会）では，当時の佐藤栄作総理が「福祉なくして成長なし」と演説し，当該基本法から経済調和条項を廃止している。ここで取り上げている「福祉」は，環境保全も含め幸福の追求や生命の繁栄を意味しており，そしてこの国会では次に示す公害関係14法が新たに制定，改正された。

①公害対策基本法
②大気汚染防止法
③水質汚濁防止法
④海洋汚染防止法
⑤下水道法
⑥騒音規制法
⑦道路交通法
⑧農用地の土壌の汚染防止等に関する法律
⑨廃棄物の処理及び清掃に関する法律
⑩農薬取締法
⑪毒物及び劇物取締法
⑫人の健康に係る公害犯罪の処罰に関する法律
⑬公害防止事業費事業者負担法
⑭自然公園法

「水質保全法」および「工場排水規制法」も，「水質汚濁防止法」（1970年12月25日公布）に改正され，無過失責任も法で規定する化学物質について定められ，被害者救済制度も作られた。

1971年７月には，国家行政組織法および環境庁設置法によって，日本に環境行政を専門とした環境庁が総理府の外局として設立された。当該組織は，環境庁長官（国務大臣：日本国憲法により内閣を組織する者）を長とし，内部部局（長官官房）と企画調整局，自然保護局，大気保全局，水質保全局で構成された。この他，中央公害対策審議会，自然環境保全審議会，国立環境研究所等が設置された（＊８）。1972年にスウェーデン・ストックホルムで開催された人間環境会議では，当時の大石環境庁長官が，「経済発展を優先したことが，公害問題を深刻化させる一因となったことを反省し，日本が経済成長優先から人間尊重へ大きく方向を変えた」ことを演説している。

1993年には，公害対策，地球環境，自然環境を総合的に規制する「環境基本法」が制定され，環境庁として独立した基本法が作られた。その後，2001年に実施された省庁再編成で環境庁から環境省となり，これまで厚生省が管轄していた「廃棄物対策」に関した部門も環境省に含まれることになった。廃棄物対策が含まれたことで，組織自体が大きく変化した。

環境基本法第２条３項では「公害とは，…人の活動に伴って生じる相当の範囲にわたる①大気汚染，②水質の汚濁，③土壌の汚染，④騒音，⑤振動，⑥地盤沈下及び⑦悪臭によって，人の健康または生活環境に係る被害が生ずることをいう」と定めており，一般に「典型７公害」といわれている。また，気候変動（地球温暖化）や紫外線増加（オゾン層の破壊）など地球環境に関する国際協力についても定められている（32条，33条，34条，35条）。環境審議会等は，中央環境審議会，公害対策会になり，国立環境研究所等は引き続き運営されることになった。２条１項では「環境への負荷」を，「人の活動により環境に加えられる影響であって，環境の保全上の支障の原因となるおそれのあるものをいう。」と定めている。人の活動は，「環境に良いこと」，「環境に悪いこと」との表現は曖昧であることから，正確には，「環境負荷が少ない」または「環境負荷が小さい」と示されなければならない。環境負荷を小さくすることが環境保全，環境保護となる。また，経済的な誘導措置（21条，22条）が定められたことで，多様な規制方法が実施されることとなった。

他方，環境中に排出された汚染物質は，長時間を要して環境中で形態を変えていき，大気，水質，土壌といった各環境媒体に拡散していく。個別媒体ごとの規制では環境全体の汚染リスクを効率的に低下させることは困難である。英国の1990年環境保護法（Environmental Protection Act 1990）には，あらゆる環境媒体を同時に規制する統合的汚染規制（Integrated Pollution Control：以下IPCという）が定められている。IPCでは，各製造工程について事前許可制度をとり，排出基準，環境モニタリング，当局への情報提出，製造工程の管理・運転上の基準が設けられている。この事前許可の要件として

「過剰な費用負担を要しない実現可能な最善の技術（Best Available Techniques Not Entailing Excessive Cost：BATNEEC)」を義務づけている（*9)。EU（European Union）でも1996年に制定された統合的環境規制指令（Council Directive 96/61/EC of 24 September 1996 Concerning Integrated Pollution Prevention and Control：IPPC）で定めている。環境媒体を統合管理する方法は，合理的な環境保全であるが，その対処の中心となる「最善の技術」の定義を正確に定めなければならない。SDGs進捗状況など，社会状況，科学技術のレベルおよびコストは絶えず変化するため情報収集と分析が重要となる。

⑶　鉱害

①　概要

青銅や鉄器，あるいは土器が使われ始めてから，人類は鉱物資源の使用を始めている。地下深くにあった鉱物を地上に大量に拡散していることとなり，環境の物質バランスが急激に変化している。特に放射性物質はこの数十年で大きく変わった。また，エネルギーとして自然に存在する石炭をはじめ多くの化石燃料を掘削するようになり，燃焼によって大気中に二酸化炭素をはじめ，複数の化学物質が酸化物として存在率を高めている。なお，酸性雨の原因となるSOxやNOxは水分と比較的早く反応し，硫酸（H_2SO_4），硝酸（HNO_3）を生成する。このように環境中で反応し変化するものも複数存在する。これら化学物質が環境汚染，環境破壊の原因となる。

②　日本の鉱山

日本の鉱山の始まりは，605年に武蔵国秩父で銅山が発見されたのが最初とされている。その後，日本書紀（720年）では，「紀州にある楊枝鉱山で自然銀が献上された」とあるが，銀は金や銅のように自然には単体で存在せず，化合物でしか存在しないため，この記述には疑問がある。自然銀が存在しな

図3-6 **紀和鉱山の選鉱場跡地**

紀和鉱山は，これまで複数の会社によって鉱山開発が行われてきており，対象となっている鉱物も金，銅および石炭と複数に及ぶ。金は，1959年～1963年の採掘記録は，鉱石の含有量は17g／1tで，現在の世界平均5g／1tと比べると高かった（日本の菱刈鉱山［鹿児島］は30～40g／1t)。1934年から鉱山開発を行った石原産業（後の藤田組，同和鉱山）は，当時は1日2,000 t の鉱石（黄銅鉱など）を採取し，山斜面に建設した選鉱場で選鉱処理を行い，日本でトップクラスの量であった（年間の銅生産にすると2,000 t，1965年には3,000 t を超えている：ただし，精錬は紀和鉱山では行っていない)。最盛期には，紀和町に約1万人の鉱夫がおり，町も賑わい映画館も3つあった。選鉱された鉱石は，ロープウェイ等を使い，和歌山県那智勝浦町の浦神港まで運び，製錬場（合同製錬場）がある四日市市，四阪島（別子鉱山：煙害のため精錬施設を移した島［結局は煙は陸のほうへ流れたため廃止]）などへ船で運ばれ，銅や硫黄が分離精製されていた。したがって，精錬を行わなかったことでSOxによる煙害および鉱毒問題は紀和町では起こっていない。1978年5月に閉山し，1982年に解体，解体時に残ったコンクリート柱だけが残っている。

かったため，古代では，世界で銀が金よりも高価とされた時代もある。

708年に東北の尾去沢鉱山（明治以降煙害等深刻）が発見され，武蔵国秩父から自然銅が献上されている。採掘地金が始まり，銅精錬も始まっている。717年には，岐阜県の神岡（イタイイタイ病の原因物質カドミウム（Cd）を排出した鉱山）で銅が発見されている。そして，日本書紀では，743年に熊野鉱山で産出した銅が東大寺大仏のために供出されたとされている。東大寺大仏には，中国から輸入し使用していた銅硬貨も集められ使われていることから，かなり高価な鉱物であったと考えられる。その後，807年生野銀山開坑（後に徳川幕府の直轄），1100年佐渡の西三川砂金山発見と続く。

室町時代（戦国時代）には，鉱山開発が全国各地で行われ，貴金属（金，銀，銅）鉱物が採掘され，鉄砲など国内から軍事物資購入に使われている。当時は鉄も比較的高価で，砂鉄から鉄穴流し等で鉄を分離し，たたら鉄製造も行われていた（日本では青銅より鉄のほうが生活，武器として普及した）。

江戸時代には，1588年に徳川家康が「山例53ヶ条」を定めている（作成年には，1573年，1588年，1611年と複数の説がある）。この規制では，鉱山が役人によって厳しく管理され，労働者，山師が監視のもとで働くことなどが定められている。江戸時代までは鉱物の生産量が少なく，また労働者の寿命も非常に短かったことから鉱害の記録はほとんどない。また，３．２に示した奈良時代に起きた水銀アマルガムの加熱による水銀汚染の発生と同様な事件は，金アマルガムでメッキをしていたところでは汚染が起きていたと考えられる。また，赤色塗料（古来寺院などで使用，朱肉の赤色塗料）の原料である辰砂（赤色顔料：HgS），またはその他水銀化合物，イオウの採掘も行ったと考えられる。辰砂が扱われていれば，400～600℃で下記の反応を発生し環境汚染となる。

硫化水銀（II）　＋　酸素　→　水銀　＋　二酸化硫黄

$$HgS + O_2 \rightarrow Hg + SO_2$$

ただし，赤色塗料としてベンガラ（赤鉄鉱を中心とした鉄酸化物）を使用していた場合，特に汚染物質の生成は発生しない。

他方，金は導電率が極めて高い材料であるため，今後工業用に大量に必要となり価格上昇が予想される。金合金から金を抽出するために水銀に溶解しアマルガムを生成，その後高温にして分離するといった方法が世界各地で行われており，水銀中毒が既に問題になっている。

③　事例

明治以降，複数の鉱山が，三井，三菱，住友などの財閥企業に払い下げられ，効率的な採掘，精錬が行われた。それにともない製錬時を中心に有害物質が大気，水質に放出され，深刻な鉱害が起こり始める。

日本全国には非常に多くの鉱山があり，多くの場所で汚染事件が起こっている。足尾銅山，小坂鉱山，尾去沢鉱山，松尾鉱山，日立鉱山，別子鉱山，神岡鉱山（イタイイタイ病を発症）などで鉱害が発生している。また鉱物精錬所でも同様の鉱害が発生しており，安中公害，四日市公害などがある。

＜事例　足尾銅山鉱害＞

ｉ．室町～江戸時代

足尾銅山は，室町時代末期の1550年に発見されたと伝えられている。当時は栃木県佐野市を拠点としていた佐野氏によって採掘していたとされている。その後江戸時代に代わり，1610年に周辺住民２人が鉱床を発見したことで，鉱物採掘（河鹿鉱床）が可能となった。そして，江戸幕府直轄の鉱山として本格的に採掘が開始された。

足尾（備前楯山：1273m）の鉱床は，熱水鉱床の析出物（金属物質を溶解した熱水が上昇し地下で沈殿し析出したもの）で，岩盤の隙間に充填した鉱脈と，不規則塊状の交代鉱床とがある。江戸時代に開発されたものは旧小滝坑から採掘されている。主銅鉱石は，黄銅鉱（$CuFeS_2$）である。

日本は17世紀から18世紀にかけ，世界屈指の銅の生産量を誇るようになった（アダムスミス『国富論』では日本で生産された銅が世界市場に大きく影響していたことが記載されている）。足尾銅山の江戸時代における最盛期は

図3-7　**足尾銅山跡（2021年10月）**

足尾銅山は1973年に閉山し，一部の建屋は残っているが荒廃したまま残されている。一般的に銅鉱山では，黄銅鉱から銅を産出することが多く，含有されるイオウも工業用等に利用価値があり分離・抽出し出荷される。イオウは空気中で酸化するとイオウ酸化物（SOx）を生成し，大気汚染（アレルギー，酸性雨，自然および人工物の腐食）となることが多く，工場の建屋，設備等も腐食（酸化：金属等のさびなど）する。イオウを取り扱う肥料工場など化学工場でも同様に至る所が腐食する。環境中に放出されると農作物，森林等植物，周辺にある住居，公共施設などを劣化させてしまう。また，森林喪失で土地に保水機能がなくなり洪水など水害も発生する。国内外の各地で発生している大気汚染の被害もある。イオウ泉の温泉施設でも建築物に酸化による腐食が見られる。
銅鉱山も黄銅鉱を採掘，選別までは，イオウ酸化物やその他不純物が発生することはないが，製錬工程では一般環境中に放出され環境汚染を発生させる。近年では，除塵，中和，汚染物処理技術が向上し，汚染発生はほとんど無くなっている。また，足尾銅山関連施設である特殊鋳物製造工場は現在も稼働している。その他施設は，解体されるか，劣化が進行している。しかし，現在，坑道跡に観光施設（足尾銅山観光：坑内電車で全長700mの坑道内見学など）が作られており，足尾銅山の歴史等を紹介している。

17世紀中頃で，年間1,300t以上の生産量を維持し，1684年の生産量は1,500tに達している。これらは江戸城，日光寺社群，上野寛永寺，芝増上寺などの銅瓦に使用され，オランダ東インド会社(Verenigde Oost-Indische Compagnie：VOC)によって，長崎からオランダなど世界へ輸出されている。採掘に関わる労働者は，約530名とされている。しかし，1741～1748年に生産量が減少し鉱夫等の生活が苦しくなり，足尾銅山の山師救済を目的として鋳銭座が作られ，寛永通宝一文銭（通貨：裏面に「足」の字を印）を鋳造し，2,000万枚を製造している。しかし，足尾銅山は幕末から明治時代初期にかけてほぼ閉山状態となった。

ⅱ．明治

明治になり，足尾銅山は新政府が所有したが工部省が再建に失敗し，1872年（明治５年）に民間に払い下げられ，1877年に古河市兵衛（小野組が倒産するまでの番頭の１人）と相馬家（旧 相馬藩家臣）の志賀直道が半額ずつ出資して買い取り民営化（山師経営）された。その後，1980年には，第一銀行（三井組，小野組が資金を拠出した日本最初の株式会社）の総監役である渋沢栄一の資金援助を受け開発を進めた（３人の組合形式）。1886年（明治19年）に古河の単独経営となっている。民営化当初は年間100tにも満たない生産量だったが，1881年，横間歩大直利の発見により，大量の銅鉱石の存在が明らかとなり，削岩機，蒸気動力，構内電話設置など先端的な技術を導入して，1884年には国内第１位の銅生産量となった。明治20年代（1889年～）は，全国の銅生産量の40%以上を産出するようになっている。1890年には間藤水力発電所が建設され，構内への電気の供給が可能となった。電力使用による照明，主導力に電力が利用できるようになったことで生産効率が向上した。鉱山採掘組織は1905年には会社組織となり古河鉱業株式会社（1989年に社名改称され，古河機械金属）となった。さらに，1906年に日光に細尾第一発電所が操業し，大量の電力供給が可能になった。1896年には，渡良瀬川上流の本山坑（有木坑）と小滝坑が通洞坑で結ばれ，約1,200㎞の坑道が作られている。主要坑道は電車による構内運搬も行われ，1981年には，本山から精錬所に電気鉄道が敷設されている。

ⅲ．鉱害被害の発生と対策

鉱害被害は1879年（明治12年）に渡良瀬川下流の漁民に被害が発生したことが最初だといわれている。その後，上流の松木村（松木渓谷方面への排ガス流入）が大気汚染（イオウ酸化物による酸性雨）で養蚕，林業に被害を受けている。森林が破壊されたため山の保水力がなくなり，1890年には大洪水が発生し，精錬後の残渣・廃石等廃棄物が渡良瀬川下流に流出し，農作物，農地を汚染している。その後，松木地域一帯は治水工事，植林が進められ，現在も進められている。松木地区には足尾砂防堰堤も作られている。

1891年には，この深刻な鉱害問題の解決のため，この地域の田中正造衆議院議員が第２回帝国議会に「足尾銅山加害者之儀に付質問書」を提出し，1899年に鉱毒予防工事の完了状況を視察，1901年には天皇へ直訴しようとしたが取り押さえられている。1892年頃から古河市兵衛は，被害住民と賠償金を支払う示談を締結したが，その後も鉱害，洪水が発生し賠償金を支払う代わりに永久示談にするといった契約が行われた。田中正造は，この示談を行わない活動を行っている。1993年にはベッセマー転炉を導入し，硫化銅に空気を吹き込みイオウを酸化させ除去，炉を傾けることでスラグを除去し，99％近くまで高濃度の銅を製造できるようになった反面，酸化されたイオウが亜硫酸ガスとなり煙害を悪化させた。この精錬技術は，松木地区の下流に当たる本山精錬所に導入された。この大気汚染の影響で谷中村などは廃村になっている。

1996年12月に明治政府・農商務省は，被害予防工事として古河に，沈殿池と堆積場設置を命令したがあまり効果がなく，田中正造らは足尾銅山の操業停止を求めた。1897年３月に内閣に設けられた足尾銅山鉱毒調査会の意見で，５月に第２回予防工事命令を出し，その15日後にさらに厳しい第３回予防工事命令が発せられている。その内容は，命令書交付後７日以内の着工，工事ごとに竣工期限が最小30日，最大でも180日とされ，もし遅延した場合は鉱業を停止するなど30項目が定められていた。排水処理（無害化），廃棄物の堆積場への集積（処分），排気処理（脱硫）の技術的対策が施されることになった。その後1903年まで，５回の予防措置命令が出されている。実際この措置は，予防ではなく再発防止とした方が適切と考えられる。

1987年には，硫酸製造のゲールサック塔（ゲイリュサックの法則→アボガドロの法則→ボイルシャルルの法則）を参考に脱硫塔が作られた。しかし，二酸化イオウを石灰水で中和させるものだったが，当時の設備では微細な粉じんは取り除かれず，脱硫効果も20～30％程度の除去で不十分だった。廃棄物の「からみ」（鉱物分離後の残渣）は，煉瓦に成形され鉱山のトンネル等にマテリアルリサイクルされている。

iv．大正～昭和

1912（大正元年）年に足尾鉄道が開通したことで大量に物資が輸送できるようになり，町内の輸送も1925年に馬車鉄道からガソリンカーになっている。1916年には銅生産が年間14,000tを超え，足尾町の人口も38,428人と急激に増加した。古河は，多角化し財閥を形成することになる。労働争議も多発し大規模な暴動事件が発生している。

また，1917年には黄銅鉱が水と親和性であることを利用して，油で泡を作り付着させて，効率よく分離する浮遊選鉱が本格的に導入され，薬剤の導入によってさらに容易になった。浮遊選鉱技術は，1900年初頭の工業化技術で，日本では1909年に神岡鉱山（カドミウム汚染：イタイイタイ病発生源）で最初に導入されている。

1954年にはフィンランドのオートクンプ社から自溶精錬法を導入し，足尾でさらに改良され，1956年に独自の足尾自溶精錬法を開発している。この技術では，20～30％の銅精鉱を溶錬（溶解，分離）によって，高銅分の「かわ」と低銅分の「からみ」にかけた後，かわは銅分約99％の高濃度を実現した。からみは，近年ではセメント材料に使われ，排ガスおよび灰からは，硫酸，ビスマス，スズ，亜ヒ酸（$As(OH)_3$：水酸化ヒ素）として回収し，マテリアルリサイクルされる。環境保全技術としても注目され，国内メーカーと複数援助契約し，輸出も行われている。自溶製錬技術が，本山精錬所に導入されたことで，その上流に当たる荒廃した松木地区への悪影響がなくなり，緑化事業等で徐々に森林が蘇りつつある。

1971年に群馬県毛里田村（栃木県の県境に接している）で収穫された米からカドミウムが検出され，翌年群馬県は，米の汚染は足尾銅山の鉱毒が原因と断定している。しかし，古河鉱業は銅の被害を認めているが，カドミウムについては認めていない。その後，銅の産出が少なくなり，1973年に足尾事業所の鉱山部は廃止されている。1989年には，足尾精錬所が操業停止している。

1974年５月11日に公害等調整委員会において，加害者の古河鉱業と被害者の住民とで調停が成立し，古河鉱業は鉱毒事件の責任を認め15億5,000万円を支払った。足尾銅山の鉱害は，亜硫酸ガスによる住人の健康被害や生態系の破壊など自然破壊の被害が非常に大きいと考えられ，この被害についての賠償は行われたものの，原状回復の責任は争点となっていない。森林枯渇による洪水のみの被害とは別に議論すべきである。

v．銅の毒性と鉱害の原因（緑青等）

1981年から厚生省（現 厚生労働省）は，緑青の毒性について動物実験を始め，３年にわたる試験の結果，「無害に等しい」と認定をしている。社団法人 日本銅センターも東京大学医学部に毒性試験を依頼し，６年におよぶ動物実験（マウスによる長期動物実験）の結果，「無害同様の物質である」と1984 年に発表している。緑青は水に難溶性で，人体にも吸収されにくい性質である。岩緑青といわれる孔雀石（炭酸水酸化銅 $Cu_2CO_3(OH)_2$）は自然界に存在し，古代より顔料に利用されている。

緑青の主成分は塩基性硫酸銅$CuSO_4・3Cu(OH)_2$であり，銅と硫黄化合物との反応生成物である硫化第一銅（Cu_2S），または硫酸銅（$CuSO_4$）がさらに酸化されて生じたものである。坑内の地下水に黄銅鉱（$CuFeS_2$）の銅分が溶け込み生成された硫酸銅（タンパン）から緑青ができたと推定される。しかし，硫酸銅は，鉄と置換反応を行い無駄なく銅を回収しているため，流出している量は少ないと考えられる。環境中で黄銅鉱（$CuFeS_2$），または選鉱後の分離物・残渣（滓，からみ）からどのようにして緑青が生成するのかは不明である。

他方，鉱石に含まれる鉄分は水滴に溶解し，坑内でもろい鉄さびとなって析出している（カルシウム分が少ないため［鍾乳洞と異なり］特にもろくなる）。鉱石分離後の残渣に含まれているヒ素化合物などの有害物質も鉱害の原因になっていたのではないかと考えられる。

＜事例　安中鉱害＞

ⅰ．明治　鉱毒被害

安中市（1955年までは安中町）は，明治初期に石炭が産出され，その後亜鉛鉱などが発見され，鉱工業が発展している。また，天然炭酸ガス（ドライアイスの原料）も採掘され地下資源の開発が進み，さらにベントナイト（膠質／成分：珪酸，酸化チタン，酸化鉄など）が産出され，石鹸の増量剤など各種化学製品（石油化学製品，農薬など）に含有されている（近年では，核廃棄物を貯蔵するキャニスターの核物質遮断材料として利用されている）。

安中町で公害が問題となったのは，1902年（明治35年）の鉱毒による被害で，「鉱毒救済西毛有志会」が作られている。

ⅱ．昭和　鉱害被害

化学産業は，1937年に日本亜鉛製錬株式会社安中製造所（後の東邦亜鉛株式会社）が操業し，1939年に信越化学工業株式会社（信越窒素肥料株式会社）の工場が作られた。信越化学工業株式会社は，1949年にシリコンの材料開発に成功し，シリコン半導体（インゴット）製造を行い，当該地域は化学工業生産地域となった。

図３-８　**安中市：東邦亜鉛工場（2019年12月）**

亜鉛は，さまざまな工業製品の材料で使用され高度経済成長期には大量に生産されており，たとえば亜鉛と銅の合金である黄銅（真鍮）は，硬貨や管楽器の材料にも使われ重要な合金である。当該工場はJRの駅と隣接しているため効率的に原料鉱石が運搬できる。現在は，亜鉛鉱石（約52％亜鉛，約9％鉄，約31.5％イオウ，およびその他無機物質の成分構成となっている）は，カナダ，オーストラリア，南アメリカから輸入されている。生産工程から排出された非鉄スラグは，路盤材などにマテリアルリサイクルされている。しかし，現在では国内における亜鉛製品の需要は減少している。近年では，綺麗な工場夜景が注目され，全く別の価値が生まれている。

1969年には，東邦亜鉛安中精錬所からの排煙，廃液での鉱害が発生している。具体的な被害としては，付近の田畑で稲や桑の立ち枯れ，カイコの生育不良（1937年6月に操業を開始したところ，操業当日から公害が発生した。当時の被害は主にカイコの生育不良であったが，カイコは育て方など他の要因でも生育不良になることがあるため，当初は公害被害だとは認識されていない），碓氷川の魚の大量死などがあった。カドミウムが検出され，第二のイタイイタイ病ともいわれ，汚染原因物質としてカドミウムが取り上げられている（1938年頃から公害は大規模になり，公害反対運動が始まっている）。1950年代には，群馬県の有力国会議員（自由民主党）である中曽根康弘，福田赳夫も農民らに協力的だったといわれているが，当時の社会党，共産党が公害反対運動に加わったため，政党間の争いがあり十分な支援は受けられていない。1953年には，有害物質に曝される作業環境（労働環境）に対して改善を求める東邦亜鉛労組が無期限ストライキを決行したが，会社側は自身で組織した第二組合を使い操業を続け，12月30日にストライキは終了し労組側は敗北した。第一組合も消滅となっている。

他方，富山で発生したイタイイタイ病とは，被害の形態が全く異なっている。富山のイタイイタイ病は，稲のファイトレメディエーションによって濃縮された米を人が食したことによって発生しており，当該地域での植物の立ち枯れは，排気（おそらくSOx）によるものと推測される。また，工場近くを流れる碓氷川での魚の大量死も，工業から排出された酸またはアリカリによって大量死したものと考えられる。よって，カドミウム説は疑問である。

ⅲ．公害裁判－公害防止協定

1986年に，東邦亜鉛が公害裁判（第一審：地方裁判所審議）で責任を認め，付近農民らに4億5,000万円を賠償する形で和解が成立している。同時に公害防止協定も締結されている。この背景には，工場の違法な増設（規模拡大）で「鉱山保安法」違反で1970年2月に通産省（現 経済産業省）から創設許可の取り消しになったこと，および同年7月に住民と東邦亜鉛とで締結した「公害防止協定」を会社側が一方的に破棄したことがあり，裁判で不利な状況を作り出したといえる。また当時，水俣病，イタイイタイ病，四日市公害裁判で，すべて会社側が敗訴していることから，会社側が控訴を断念したと考えられる。なお，安中市では，1972年に「安中市公害防止条例」が制定されており，第９条から第13条に公害対策審議会の設置も定められている。

現在では，ESGの視点から公害発生の加害者が，被害者と戦うなどということはほとんど考えられない。機関投資家からの融資，投資の機会を失い，社会的な責任がない会社として存在意義自体が問われることとなる。近年の東邦亜鉛のCSR報告書には，公害防止のための対策，ガバナンスなどが明確に示されており，会社の体質が変化したと考えられる。

⑷　公害（産業公害）

①　概要

世界的に注目された公害として，「ロンドンスモッグ事件」（英国）があげられる。1950年代にロンドンの家庭では，石炭を使用した暖炉が広く用いられたため，石炭の成分のイオウが燃焼して生成するイオウ酸化物（SOx）が，スモッグとなって環境汚染を発生させた。このとき，PM2.5を含む粒子状物質によるばいじんも大量に発生している。英国では，その対処として1956年に大気浄化法（Clean Air Act）を世界に先駆けて制定している。

1952年冬にスモッグが最も悪化し，スモッグが原因の死亡者が年間数千人にのぼったといわれている。酸性度もpH2が測定され，スモッグ（PM）に含まれる酸性物質（イオウ酸化物）によって強い酸性の雨も降り，最も深刻な事態になった。

ロンドンは，霧が発生しやすいことが被害を拡大したと考えられる。冬に急に大気が冷えたときに霧が大発生し，スモッグが霧に付着したことで，空気中に長時間漂い，人が外出（環境）中に，多くのばいじんを吸引，付着したためと考えられる。この現象は，東京をはじめ大気汚染が酷い地域ではしばしば発生することで，酸性物質が多いときは酸性霧といい，健康上非常に危ない状況である。なお，スモッグ（smog）とは，Smoke（煙）と fog（霧）を合成した造語で，ロンドンスモッグ事件の際に作られた。

日本では，各地域の条例でいち早く規制している。1932年に「大阪府ばい煙防止規則（条例）」，1949年に「東京都公害防止条例」が制定されている。法律では，1968年に「大気汚染防止法」が制定され規制が始まり，ばい煙として，ⅰ．イオウ酸化物，ⅱ．ばいじん，ⅲ．有害物質の３種類を定義し排出規制を行っている。空から降ってくる「ばいじん」（粒子状物質：PM）は，最初は白っぽく見えるが，手につくと黒っぽくなる。イオウ酸化物（硫化物）によって化学反応である硫酸塩を生成している。日本は1960年代に四日市公害（三重県），八幡製鉄所と関連会社（福岡県北九州市）で大気汚染が深刻となった。この他，自動車のエンジン，燃焼処理工程など1,200℃以上になると空気中の窒素（N2）が酸化し窒素酸化物（NOx：ノックス）が生成され，排気が大気汚染を起こす原因となる。ただし，燃焼温度が低くなるとばいじんが生成し，別の大気汚染を発生してしまうため温度管理が難しい。大気中に酸性物質が排出されると，酸性雨，ぜん息等アレルギー（健康被害）などが問題となる。

水質汚濁は，1960年代に被害が明白となった事件として熊本県水俣湾の海洋汚染（熊本水俣病），新潟県阿賀野川の汚染（新潟水俣病），北九州市洞海湾汚染（八幡製鉄所と関連会社の排水），四日市海洋汚染，田子の浦ヘドロ公害，富山県神通川カドミウム汚染によるイタイイタイ病などがある。自然の中で生物濃縮（生物，植物［ファイトレメディエーション］）が起き，高濃度の有害物質が人に摂取され健康障害が発生する。なお，洞海湾では水質汚濁が極めて急激に起こり海洋生物が死滅し，魚類等の摂取による人への健康障害は問題とならなかった。

環境被害者が精神的な苦痛となるのは風評被害である。裁判で損害賠償が認められた場合，損害賠償請求者（原告）へのねたみ，嫌がらせ（うわさ，手紙，いじめなど）は実際に多数発生している。このような風評被害は，福島第一原子力発電所放射線環境放出事件（2011年）でも共通の問題点であり，公害被害者に対する解決すべき重大事項である。水質汚濁事件として多くの健康被害者および死者まで生み出してしまった水俣病事件（熊本および新潟）では事故の原因との因果関係が十分に解明されないまま争われたこともあり，疑念を招いたとも考えられる。裁判を受ける権利は，すべての人が持っており，その判決に第三者がねたみを持つことは，失敗分析を歪めさせ改善が期待できなくなる。

② 事例

＜事例　四日市公害＞

ⅰ．背景

四日市市は，江戸時代より東海道，伊勢詣などで賑わった街で，港も貿易がさかんに行われていた。伊勢湾における漁業も栄えていた。1945年以前より日本の原油精製の４分の１の量を生産しており，軍隊の製油所・石油備蓄場があったことから第二次世界大戦で連合軍の爆撃によって壊滅的な打撃を受け焼け野原になってしまっている。

しかし，戦後再度復興が行われ，跡地などが政府から民間企業に払い下げられ工業化が急激に進められた。そして，三菱モンサント，昭和シェル石油，三菱化成等がイラク等中東から輸入した石油で石油精製，化学品製造し，中部電力による石油火力発電所も作られた。政府は経済成長を目的としての石油事業拡大のモデルとして一大石油工業地域をこの地域に作り上げた。税収も多く行政も資金が豊富にあったことから，公害発生時にも公共の資金により改善対策がさまざまに行われている。

ⅱ．海洋汚染の発生と対処

石油化学工場が操業を始めてからすぐに捕獲した魚が臭いことが問題となり，調査が行われている。その結果，石油化学工場から排水された石油由来の化学成分（メチルメルカプタン：玉葱が腐ったような臭気）が火力発電所の復水器用冷却水として使われ，そのまま海水に排水されているためということがわかったが，対策は行われなかった。風評被害も広がり漁民に大きな被害が発生した。周辺漁民は，1963年に中部電力火力発電所に強く抗議（磯津漁民一揆）したが，三重県と中部電力の要請で県警の機動隊が出動し鎮圧されている（暴動とみなされ，刑法123条で取り締まられている）。これは，1958年に千葉県浦安の本州製紙江戸川工場で起きた浦安漁民騒動に類似している。汚染は改善されることがなかったため，悪質な海洋汚染として海上保安庁が「港湾法規則（港湾の保全）」に基づき取り締まっている（当時，「海洋汚染及び海上災害の防止に関する法律」は制定されていなかった）。

iii．大気汚染の発生と対処

その後，1960年代以降，大気に関しても，コンビナートから排出される排気で，周辺住民にぜん息が大量に発生し，死亡者および病気を悔やんだ自殺者まで発生させている。日本は1950年代に石炭化学から石油化学に転換しており，エネルギー源も同様に転換している。しかし，燃料にはイオウ分が高い質が悪い石油であるＣ重油が使われることが多く，環境中にSOxが大量に排出されたことが原因である。当時の日本には，ばい煙排気を除去する法令，汚染防止技術はなかったため，生産の増加によって大気汚染が急激に悪化していった。被害者は，民法717条に基づき1967年に共同不法行為に対する損害賠償を求める訴訟を起こし，1972年まで５年間裁判で争い原告勝訴となっている。当時は環境法がなく行政の支援がなかったため，被害者は支援者とともに不法行為を自らの手で証明しなくてはならなかった。当時の公害事件は他も同じ状況であった。当該公害事件における裁判では，疫学調査手法[*10]で相当因果関係が証明され，裁判でも証拠として認められている。

iv．訴訟の概要

四日市公害訴訟は，「化学コンビナート周辺で硫黄酸化物（SOx）など大気汚染物質が原因で周辺住民に激しい咳や呼吸困難など呼吸器系の疾患（四

図3-9　**汚染排出が改善された中京工業地帯・四日市コンビナート（2019年）**

当該地域は第二次世界大戦以前にあった大日本帝国海軍設備の跡地を，政府が三菱油化，三菱化成工業，三菱モンサント化成，昭和石油等へ払い下げ，コンビナート施設が作られた。原油から蒸留分離したナフサなどが各工場間をパイプラインで送られ石油化学製品が製造された。その後，1960年代から日本では，重化学工業が推進され，四日市コンビナートを形成した。石炭化学から石油化学が中心となり，経済成長期に最新鋭の設備をもった工業地域となった。しかし，工業化によるメリットのみを注目したことで，公害によるデメリットが事前に対策されなかったことから，コンビナートから排出された汚染物質による被害が発生した。近年では汚染防止対策が進み，ほとんど被害はなくなっている。また，コンビナートの夜景が注目され，観光地ともなっている。

日市ぜん息といわれる）が続出した」被害に対して，損害賠償を求めている。裁判では被告９名が訴訟を起こし，複数の加害企業の共同不法行為に基づき損害賠償が請求された。その他の多くの被害者は，風評被害等を恐れ訴訟には加わってはいない。

大気汚染問題として，いわゆる四日市ぜん息事件となり，四日市に作られた石油コンビナート（６社）による加害行為が争われた。ばい煙がコンビナートの煙突より遠くの地点（塩浜：磯津地区）に降下し，離れた地域に多くの被害者が発生したため，気流の流れを解析し，前述のとおり疫学調査実施し被害が証明されている。裁判結果は原告勝訴となり，その後，訴訟に加わっていなかった被害者千数百人にも同様に補償が行われた。当該公害では，被害地域が海岸線に限定されていたことも幸いしたと考えられる。しかし，原告からは，大気汚染のない空を取り戻すまでは勝訴とはいえないとの声もあった。なお，四日市公害では，水質汚濁，大気汚染以外にも，土壌汚染も発生している。

v．改善策の進展

被告企業が，大企業が多かったため，被害者全員に補償する財力があり，判決に従い損害賠償費用が支払われている。他の４大公害と異なり，補償に関しての争いが起こらなかった（他の公害事件は，現在も公害被害者認定に関して裁判が係争している）。また，裁判結果が示される以前から，工場内の安全衛生の面から作業環境改善が行われ，環境汚染（大気汚染）の改善も進められた。環境測定により状況の把握が進んだことで，適切な対応を可能にした。このように環境測定ができた理由は，テレメータシステムや分析設備などを行政が設置し，モニタリングシステムが整備されていたためである。この環境モニタリングシステムは，その後の日本の環境保全に欠かせないものとなった。

他方，四日市市は多くの企業が立地し行政に税収が多かったため，公害被害地域にあった小学校への空気清浄機設置や被害患者への医療体制の整備が全国に先駆けて行われ，条例による規制も行われた。その後，県による条例制定が行われ，四日市公害対処が一種のモデルケースとして国の法整備も進められた。1968年には「ばい煙規制法」から「大気汚染防止法」となる。現在の四日市の工業地域は，化学プラントが港に作られた広大な出島で操業しており，煙突から大気汚染の再発防止が図られている（図3－9参照）。

<事例　八幡製鉄所周辺で発生した公害>

ⅰ．概要

旧八幡製鉄所が立地していた北九州市における製鉄は，20世紀に入り軍需用鉄材料として急激に需要が高まり，現日本製鉄の前身である官営八幡製鉄所が1901年２月（東田第一高炉稼働：現在は復元されスペースワールド駅近くに公園と併設されている）に設立されている。その後，満州事変を契機として，わが国の鉄鋼産業は軍需産業の中で最も重要な柱となり，34年に三井財閥および三菱財閥系を含む民間鉄鋼会社６社と官営八幡製鉄所が大合同し，半官半民の日本製鉄（日鉄）となった。

第２次世界大戦後，米国駐留軍の指導の下，「過度経済力集中排除法」と「企業再建整備法」によって大製造会社の分割が進められ，1950年４月，日本製鉄は八幡製鉄，富士製鉄，日鉄汽船，播磨耐火煉瓦の４つの民間企業となった。しかし，1970年に当時わが国で鉄鋼業界１位の八幡製鉄と２位の富士製鉄が合併して新日本製鐵となり，近年，国際競争力を高めるため，住友金属工業と合併して新日本製鉄住友となり，その後日本製鉄となっている。

また，現在北九州市では，公害対策を学習するために東南アジアを中心に多くの研修生を受け入れており，国際貢献を進めている。国連環境計画（UNEP），国連工業開発機関（UNIDO）などから多くの表彰を受けている。2007年には経済産業省の「近代化産業遺産」に認定され，2015年には「明治日本の産業革命遺産 製鉄・製鋼，造船，石炭産業」として，「世界の文化遺産および自然遺産の保護に関する条約」の世界文化遺産に登録されている。

図3-10　**公園と併設されている八幡製鉄所東田第一高炉モニュメント（高炉の側面に書かれている「1901」は，操業時の西暦年）**

「世界の文化遺産および自然遺産の保護に関する条約」の世界文化遺産の対象として，2015年７月に日本における「明治日本の産業革命遺産　製鉄・製鋼，造船，石炭産業」として，８県11市に存在する23カ所が登録された。登録地の１つとして福岡県北九州市にある「官営八幡製鉄所」が指定され，写真の東田第一高炉は，現在はモニュメントとして残されている。日本製鉄株式会社のその他の高炉は稼働しており，世界遺産としては珍しい。この高炉は1897年に日本で初めての近代的な製鉄所の製造設備として作られたもので，当初はドイツの技術を導入し，その後日本独自の技術のもとで改良が進められた。これにより日本は大量の鉄が供給できるようになり，日本の重工業発達の礎が作られたといえる。しかし，生産量が増加するに従い，大量の排出物が環境中に放出され深刻な大気汚染，水質汚濁が発生してしまっている。

ⅱ．急激に深刻な公害（大気汚染および水質汚濁）を発生

1960年初頭からの高度経済成長で，八幡製鉄と富士製鉄の業績は急激に拡大した。しかし，八幡製鉄所周辺では製鉄の大量生産により，高炉での燃料工程から多くの酸性物質等が排出され，深刻な大気汚染が発生した。また，生産工程から排出される廃液等廃棄物は洞海湾に垂れ流され，海洋生物はほとんど絶滅の状態となった。大気汚染および水質汚濁は，八幡製鉄所の排気および九州電力火力発電所（当初は石炭火力，その後重油による発電：SOxなど大量のばいじん，廃液が放出された），さらに製鉄所関連会社（コークス製造），化学会社が大量の排煙，汚染水を排出したことで発生した。

最初に問題となったのは大気汚染で（1960年代），さまざまな有害物質を含むばい煙が排出されていたため，七色の煙が排出されるといわれていた。工場の近くにあった城山小学校（戸畑地区）の児童に多くの健康障害を発症させた。小学校では当時，強い体を作るため多くの運動を行い，うがいなどを徹底し，教室には空気清浄機が設置されていた（空気清浄機の設置は，四日市ぜん息問題の際に四日市市も同じ対策を行っている）。この地区では，洞海湾埋め立てで美しい海岸が失われたことに抗議していた主婦が，子供をはじめとする家族の健康被害を日本全国へ訴える活動へと発展させていった。ただし，企業と戦う姿勢ではなく（自分の夫や家族，親戚が製鉄関連で働いており，生活の糧を得ていたため），協調姿勢であった。公害に関しても大学の研究者などに，公害測定方法を教わり自分で測定し，モニタリングや対策を学習することを中心としていた。当時，女性の自立など米国の考え方（女性も労働力として社会で活躍：ひと家族の労働力の増加）が日本に導入されていたことから，この影響を強く受けていた。

深刻な公害被害があった北九州市戸畑地区では，現在多くの住民が移転しており（工場自体多くが閉鎖），城山小学校も廃校になっている。住民も以前のように多くはない。現在の大気は，目視では全く問題はなく，環境基準もクリアしている。

1972年頃から洞海湾の水質汚染も問題になってきたが，すでに死の海に

なっており，プランクトンも存在していない状況だった。洞海湾で漁業を営んでいた漁民は急激に漁獲量が減少し，早いうちに洞海湾の外に漁場を移しすでに遠くの漁場で操業していたため，水俣病のように食用した魚での公害被害は発生していないとのことだった。しかし，その後のヘドロ（水銀など有害物質が大量に含まれていた）の浚渫作業やヘドロの埋め立て処分に多くの労力を要し，膨大なコストがかけられた。山口県等周辺自治体からも，海底のヘドロが拡散され，他の海域も汚染されることが懸念された。

公害に関連した企業は54社（当初は47社）で，何らかの有害物質を排出していた工場は1,000以上あった。企業サイドは，1970年に制定された大気汚染防止法や水質汚濁防止法の規制に基づき，除じん（当初は電気集塵機が主）設備や排水処理施設を取り入れ，自社で多くの技術開発を行い，その後の日本の公害対策技術向上に大きく貢献した。工場内に新たな施設を設置したため，設置場所が不足し洞海湾内などにも一部施設が設けられた。

⑸　生活に関わる排出・廃棄物

①　概要

閉鎖系水域においては，人の生活排水による富栄養化による水質汚濁が問題となる。これは限られた空間で発生するため比較的短時間で環境汚染が判明する。しかし，広い空間に拡散し環境中で急性的に影響を発生させないものは，次第に莫大な量となり地球規模での変化となってしまうこととなる。海洋プラスチックゴミの莫大な増加は，比較的近年問題となっている。中長期的に環境問題が明白となる事象は，フロン類が大気に放出されることによるオゾン層の破壊，地球温暖化原因物質の大気への放出による気候変動，海の酸性化なども同様である。

これら環境汚染は，消費または消費に供給する生産によって引き起こされるもので，生活に「もの」と「サービス」が増加したことにより，商品が増加し，それにともない排出，廃棄するものが増加することによって生じる。

人の「豊かさとは何か」といったテーマはよく議論されるもので，人の価値観によって考え方は異なる。しかし，世界でGDPが増加し続けている以上，人の消費，あるいは生活に「もの」や「サービス」を供給するための生産は拡大し続ける。

したがって，環境汚染の防止には，排出物・廃棄物の処理，処分を適切に行うことが積極的に取り組まれてきた。しかし，近年では，消費量の対象となる「もの」，「サービス」を減少させることが考えられている。「もの」については，時間的な変化を減らす方法として寿命を延ばす長寿命化があり，素材の開発，あるいはライフスタイルの変化などが考えられている。化学物質レベルで考えると，マテリアルリサイクルによる物質資源の減量化，またはサーマルリサイクルによるエネルギー資源の減量化が行われている。「サービス」に関しては，１人に対するサービス量を減らすことは困難である。1973年にオイルショックが起きて以降，省エネルギーが世界各地でさまざまな方法で考えられ，取り組まれている。自転車，自動車，または住居をシェア（share：共有）して使用するなどが行われている。これらは，人類の持続可能性に関わることにも関連する。

本項では，環境汚染に関わる排出・廃棄物を考え，持続可能性に関わるものは，次章で検討することとする。

②　閉鎖系空間での汚染

<閉鎖系水域の事例>

閉鎖系空間での汚染は，比較的短時間で明確に影響が現れる。この事例として湖沼における環境変化を取り上げる。

1984年に制定された「湖沼水質保全特別措置法」によって，水質排出規制，浄化対策が行われている。改善が必要として指定された湖沼は以下の通りである。

1985年12月から指定：琵琶湖（滋賀県・京都府），霞ヶ浦（茨城県・千葉

県・栃木県），印旛沼（千葉県），手賀沼（千葉県），児島湖（岡山県）

1986年10月から指定：諏訪湖（長野県）

1987年９月から指定：釜房ダム貯水池（宮城県）

1989年１月から指定：中海（島根県・鳥取県），宍道湖（島根県）

1994年10月から指定：野尻湖（長野県）

2007年12月から指定：八郎湖（秋田県）

ⅰ．琵琶湖

高度成長期（1950年代以降）には，琵琶湖周辺に人口が増加し，生活排水，工場排水による汚染が深刻になった。1955年頃まで湖水浴（柳ヶ崎水浴場など）が行われていたが，富栄養化が進んで水質が悪化し，人への健康影響が懸念される状況になった。1959年，南湖でミカズキモが大発生し，京都市の水道で濾過障害が発生，1969年は南湖でカビ臭発生，および植物プランクトンが大発生し，その年に「滋賀県公害防止条例」が制定され，工場排水を中心に規制が行われた。その後，1970年に「水質汚濁防止法」が制定されたことで全国一斉に規制を行うようになったが，農業用肥料などに使われる窒素，リンは減少せず富栄養化の被害はその後も発生した。1973年には北湖で植物プランクトンが大発生し，透明度（透視度）が低下，1977年は琵琶湖全域で赤潮が発生し，明らかに富栄養化が進み，水質汚濁が悪化していることがわかった。

これらの対処として，滋賀県は，1980年７月に「滋賀県琵琶湖の富栄養化の防止に関する条例（琵琶湖条例）」を制定した。この条例は，窒素，リンの排出規制を定めた全国最初の規制となる。条例制定の目的は，琵琶湖の富栄養化対策であり，この条例制定の背景には，県民が独自に草の根運動として行った石けん運動がある。「びわ湖を守る粉石けん使用推進県民運動」県連絡会議を結成し，家庭用中性洗剤を使わない，いわゆるリフューズ活動を展開し富栄養化対策に大きく寄与した。粉石けんでの洗濯は不便であり，生

図3-11　**琵琶湖南湖湖岸（ゴミ）**

湖水（南湖）を直接目視したところ，透視度は高いとはいえなかった。また，1990年代は湖水の水質改善に一般市民が積極的に活動していたが，現在は琵琶湖の湖岸には，ペットボトルをはじめ，プラスチック製品やその他のゴミが散乱しており，海洋ゴミによる海岸廃棄物と同様な状態となっている。住民の環境保全に対するマナーの啓発も今後は必要と考えられる。この状況は，琵琶湖周辺に限ったことではなく，「もの」，「サービス」があふれかえってきた国内外すべてに共通している。

活の「サービス」低下となったが，生活の豊かさについて「琵琶湖の環境保全」を優先した結果といえる。また，下水道普及率が数％であったこともリンの増加の大きな原因であったため，下水道普及も重要な対策となった。

また，1983年には，琵琶湖で初めてアオコが観測され，1990年代後半にかけて，水道水にカビ臭が発生し問題となっている。環境保全の効果は時間を要するため，改善はなかなか進まなかったと考えられる。その後「琵琶湖総合開発事業」で下水道の普及が進み，1996年に「水質汚濁防止法」の上乗せ基準として，小規模事業者への排水規制も行われた。下水道普及率は，1960年に十数％，1990年に入ると40％を超え，2013年には80％近くにまで向上した。人口は増加し続けているが，全リン量は2010年には，1985年のおよそ半分になった。その結果，琵琶湖水の透視度も着実に改善されてきており，特に水量が多い北湖の透視度が高くなっている。この効果は，生活から排出される全リンの減少が大きい。

近年の琵琶湖の環境問題として，外来生物の移入・繁殖による在来種の減少（在来魚等），水草の増加，プランクトンの異変がある。湖の水質，生態系保全には，流れ込む川の水源となる山の森林の保全も必要であることが科学的に判明してきたため，滋賀県では，「琵琶湖総合保全整備計画（マザーレイク21計画）」を2000年に策定している。その後，国による「琵琶湖の保全及び電気事業者による再生可能エネルギー電気の調達に関する特別措置法に関する法律」が2015年に制定されている。

ⅱ．霞ヶ浦

霞ヶ浦周辺（茨城県から千葉県）は，約13～15万年前は海底でまだ陸地として隆起していなかった。このため現在地表付近の地層からは（海洋に生息する）貝の化石などが多く存在している。その後海底が隆起し，陸地となり，10,000～12,000年前に発生した氷河期は，現在よりも80～120m海面が低下していた。その後，約6,000年前の縄文時代には地球温暖化によって海面が上昇し，河川が上流から運んだ物質を堆積してできた沖積層を超えて（沖積谷

図3-12　**霞ヶ浦（1970年代より水質悪化）**

霞ヶ浦周辺には湖の近くまで農地が広がり，肥料から窒素，リンが流入し，住宅も湖の近くまで広がり，生活排水の流入も増加している。また，近くにある畜産場，鯉の養殖場からの窒素，リンも増加している。首都圏に近いことから人口が増加し，食料需要が多く近郊農業・畜産業・漁業（養殖）が盛んに行われ，人工物の流入が多く水質悪化の原因となっている。

へ）海水が浸入し，霞ヶ浦が形成されている。鬼怒川，小貝川などから大量の土砂が流れ込み堆積した結果，入り江がせき止められ湖となった。1,500～2,000年前頃ほぼ現在の形になったが，面積が２～３倍あり，海水の入りやすい湖と予想されている。約1,300年前（奈良時代）に編集された『常陸国風土記』では，霞ヶ浦は「流れ海」と記されており，海水が流れ込んでいたことがうかがえる。江戸時代には，利根川は東京湾に流れ込んでおり，多くの洪水を発生させたため，霞ヶ浦から銚子へ流れを変える治水工事が行われ，霞ヶ浦は，海水から汽水，淡水へと変化していったと考えられる。

現在は，霞ヶ浦（西浦），北浦（鰐川，［白鳥飛来地］），常陸利根川の３つの水域で構成され，56の河川が流れ込み，2019年現在流域には約94万人が生活している。水が豊富なことから江戸時代より米をはじめ農作物の栽培に，利根川を利用した。また，薪，醤油などが船（底が浅い高瀬舟：湖の水深が浅いため：舟運）で大消費地である江戸へ運搬された。1880年（明治13年）には，霞ヶ浦独特の帆曳網漁が開発され，特殊な帆掛け船によるシラウオ，ワカサギ漁が1966年頃まで行われた（その後，動力船による底引き網漁［トロール船］に替わった）。したがって，霞ヶ浦は数千年間自然によって変化した後，江戸の都市開発，治水（洪水防止）を目的とした人工的土木工事によって，約200年で淡水の湖になったということになる。

現在の流域の人工的な土地利用としては，水田，畑，森林，市街地および畜産業，湖内では鯉の養殖が行われていた。1970年頃までは湖水の水は清浄で湖水浴場もあったが，1973年に人工的な活動の影響で富栄養化が進んでアオコが大発生し，悪臭など水質悪化および養殖鯉の死，水道のカビ臭が問題になった。湖周辺人口の増加による生活排水の増加で，湖に流れ込むリンが急激に増加し，窒素も増加しCOD（Chemical Oxygen Demand：化学的酸素要求量）値が上昇した。農業の肥料に含まれる窒素およびリンの侵出，畜産業からの窒素分の流出，鯉の養殖からの排出物などが富栄養化を悪化させた原因と考えられる。

茨城県では1966年に「茨城県公害防止条例」を制定，翌年に施行し，「霞ヶ浦に係る湖沼水質保全計画」を策定している。具体的な水質改善のために，下水道を整備し生活排水および周辺工場の排水を下水処理場（浄化槽，合併処理，散水濾床，活性汚泥）で処理，高度処理型浄化槽の設置推進，ファイトレメディエーション効果があるヨシなど水生植物による浄化，湖周辺清掃活動などが行われている。1981年には「茨城県霞ヶ浦の富栄養化に関する条例」を制定，翌年に施行し，2007年に「霞ヶ浦水質保全条例」に改正している。

他方，海水の湖水への流入による塩害も発生しており，1973年にはシジミ１万数千トンが死んだため常陸川水門を閉鎖し，その後，1975年に常陸川水門水位調整が開始されている。

1995年には，つくば・土浦で「第６回世界湖沼会議」が開催されて，霞ヶ浦水質改善啓発活動が高まり，霞ヶ浦環境科学センターが設立されている。2021年から利根川，霞ヶ浦（西浦），桜川，那珂川を地下トンネル（水路）でつなぐ霞ヶ浦導水事業が計画されており，霞ヶ浦，桜川，仙波湖の水質浄化，水不足対策，茨城県および千葉県への水道水，工場用水供給が計られている。

しかし，生活排水対策を厳しく行った琵琶湖などに比べると，水質はまだ十分には改善されていない（千葉県の手賀沼も同様である）。

【注釈】

（＊１） 室町時代に作られた御伽草子の絵巻物『付喪神絵巻』に「付喪神（つくもがみ）」または九十九神という精霊を得た道具の妖怪が描かれている。

（＊２） 川島武宜「浦安漁民騒動の法社会学的考察」『ジュリスト』（No.159）論説1958.８.１，２～５頁より引用。

（＊３） 原告である静岡県の住民は，ヘドロの堆積の原因となった被告（汚染者）とこれを黙認してきた県知事をはじめとする県当局の責任の追及を目的として，地方自治法第242条に基づく住民監査請求を経た後，損害賠償を求める住民訴訟を提起した。

（＊４） 最判昭和57年７月13日・民集36・６・970。

（＊５） 大判大正５年12月22日・民録22・2474。

（＊６） 謝罪では，「熊本での教訓を生かせず新潟で水俣病を起こしたことは痛恨の極み。被害拡大を防げなかった責任を認め，おわび申し上げたい。」と述べている。

（＊７） 東京電力HP「賠償金のお支払い状況」（閲覧：2022年４月）アドレス：https://www.tepco.co.jp/fukushima_hq/compensation/results/index-j.html 参照。

（＊８） スウェーデンでは，1967年に総務，自然保護，水質管理，大気管理の４部と附属機関の研究所で構成された環境保護庁を設置している。1969年７月には大気汚染，水質汚濁，騒音などを統合的に規制する環境保護法を施行している。また，1970年には米国環境保護庁，1971年にフランス環境省が設置されている。

（＊９） 当初は「利用可能な最善の技術（Best Available Technique：BAT）」だったが，産業界からの要望により「過剰な費用負担を要しない実現可能な」ものとなった。

（＊10） 汚染と被害との関係を統計学的に解析することを意味する。

第4章

持続可能性

4.1 成長と限界のバランス

(1) 環境破壊の緩和と適応

地球上における人類の持続可能性を考える場合，自然のシステムにどのように適応していくのかを考える必要がある。しかし，現在は人類が変化させている環境にどう適応していくのかを考えなければならなくなっている。

時間と空間は広がり続けているが，地上では空間は一定で，時間のみが進んでいる。約138億年前に宇宙が始まったとされている。このビッグバン時点以前に時間は存在していたのか。また，宇宙空間もダークエネルギーによって加速膨張していることが観測されているが，３次元空間で考えると宇宙の外側に空間はないのだろうか。さらに，現在確認されている星以外にも引力が働いておりダークマターも存在しているが，宇宙空間の外側から何らかの影響を受けることはないのだろうか。一方，膨張しているものは，収縮することも考えられる。前にだけ進んでいるプラスしかない時間は，後戻りしマイナスになることはないのか。現在当たり前に存在している物理法則が変わると，人類の持続可能性は根本から変化してしまう。

他方，地球の環境中に人類が住めなくなっても，他の惑星に移住し次々と住み替えていくことができれば，現環境で人類が消費することのみ考えていても，人類の持続可能性は実現できる。人類が自身で現在の環境を作り上げることができれば，壊れた環境を再度作ることもでき，他の星に住み替えることもできる。人類は，生活できる空間と生き延びる時間を，自分で作り出すということになる。バックミンスター・フラーが考えた宇宙船地球号を人類が作り出し，壊れれば次々と新しい宇宙船を作り，新しい地球を作っていくことができるということになる。しかし，以前に人類が生態系を作るといったバイオスフェアⅡという研究プロジェクトが米国アリゾナ州で行われたことがあるが，失敗に終わっている。成功していれば，環境破壊対策として環境創世が行われた可能性はある。また，米国で取り入れられている環境影響を緩和する制度としてミティゲーション（*1）がある。この制度では，壊れた自然を他の場所で再生すれば開発が可能という規定があり，開発で失われる自然を人の手で移し替えて，複雑な自然システムが維持されているのか疑問である。

人類が持つ科学レベルでは，現在地球上にある有限な空間に存在する環境を維持していかなければ，人類が持続していくための時間も比較的短いと考えられる。人類が「もの」，「サービス」を得るために行われる活動は経済システムによって資源消費の効率性を高めており，人が生きていくための環境の持続性，すなわちこれから生存できる時間を少なくしている。人は目の前で起こった環境の変化には関心を持つが，中長期的な変化についてはあまり目を向けなくなっている。季節に関係なく供給される果物などの食べ物，冷暖房，体内時計を狂わせる夜の照明など，人類は環境の変化を感じなくなっている。むしろ，人の需要に合わせて供給を行うために自然と闘い，コントロールできると勘違いを起こしているように思われる。

このような状況の中で人類の持続可能性向上を考えても，自然の変化を緩和させる方法として，これまでの資源消費を増大させGDPを拡大させる経済効率向上の慣習を短時間でやめることは受け入れ難い。環境効率向上によって変化を緩和させ，地球上における人類の生存の時間が増えることを願いたい。また，過去に絶滅したと考えられていた植物であるメタセコイヤなどのように，環境変化への適応を行っていくことで危機を乗り越えていくことにも期待したい。しかし，人類が環境を破壊している形態，スピードはこれまでになく，極めて困難な複数の課題に直面している。まず現状を理解することが必要だろう。

⑵　国際的動向

①　成長の限界

科学技術が発展するに従い多くの資源が必要となり，地下深くにあった化学物質が地上に放出され，人工的に化学変化させた新たなもの，あるいは新たな遺伝子配列をもった植物や動物など生物が作り出されている。まず，化学工業を中心とした有害物質が地域環境を破壊し，人への健康障害も発生させるようになった。このことに多くの国々が問題意識を持って，世界で初めての環境保全に関する国際会議が1972年に行われている。この会議は，スウェーデン・ストックホルムで開催された「国連人間環境会議（UNCHE)」である。世界各地で発生している環境汚染を減少させる必要性があることについて各国の同意が得られた。当該会議が開かれた６月５日は，「世界環境の日」と定められ，環境基本法でも「環境の日」として定められている。しかし，先進国が工場排水，排気など有害物質汚染を取り上げているのに対し，途上国では貧困やインフラの未整備によって飲み水などが不衛生となるような公衆衛生上の汚染を対象としており，抱える問題に相違があった。現在でも意見の対立は続いている。

1972年にローマクラブが発表した『成長の限界』は，研究委託を受けたMIT（マサチューセッツ工科大学）が将来の人類を取り巻く環境変化についてシミュレーションを実施している。この結果では，環境の量的限界と行き過ぎた成長による悲劇的結末として，2030年には世界の人口が半減するとの予測が示されている。当時の問題となっていたのは，著しく増加していた人口，工場等から一般環境へ排出されていた有害物質および農業で急激に使用が増加した肥料，農薬による環境汚染などである。

1941年から始まった「緑の革命」では，世界各地で化学肥料，農薬，除草剤を使い，農業における資源生産性を急激に上げ，短時間で，多毛作，単面積当たりの収穫量を増加させた。自然と闘って勝ち得たといえる。しかし，長期的には，肥料に含まれる硝酸性窒素によって土地が疲弊し，農薬に耐性をもった強い害虫が次々と出現し，さらに有害性および強い薬剤が開発され環境中に散布された。この環境変化によって多くの生態系が破壊された。1984年にインド・ボパール市で発生した農薬工場事故では，周辺環境に有害性が高い物質が漏洩し，住民3,400人が死亡し，20万人以上が身体障害を受けている。この事故の20年以上前の1962年に出版されたレーチェル・カーソンの著書『沈黙の春（Silent Spring）』では，「化学薬品は，一面で人間生活に計り知れぬ便益をもたらしたが，一面では，自然均衡のおそるべき破壊因子として作用する」と示されたが，DDT（Dichlorodiphenyltrichloroethane）など農薬を製造している化学メーカーからは猛烈な批判をあびている。デメリットがない科学技術はない。

1996年にシーア・コルボーン，ダイアン・ダマノスキ，ジョン・ピーターソン・マイヤーズが発表した書籍『奪われし未来』では，化学品に配合された環境リスク（健康リスク）のハザードの因子として環境ホルモン物質（内分泌攪乱物質）を紹介している。当時の米国副大統領アル・ゴアは，この本に寄せた文書で「一般公衆には‘知る権利’と‘学ぶ義務’がある」ことに言及している。環境問題は，現状のリスクを知り，その内容を学ばなければ正しい対応は困難である。

② 持続可能な開発

人類の持続可能性については，1980年に国連環境計画（United Nations Environment Programme：UNEP），IUCN（International Union for Conservation of Nature and Natural Resources：国際自然保護連合）およびWWF（World Wide Fund for nature：世界自然保護基金）によって共同で発表された『世界環境保全戦略（World Conservation Strategy）』で検討されている。その中で「持続可能な開発」が初めて提唱され，1991年には，同機関より「新世界環境保全戦略―持続可能な生活様式実現のための戦略―」（Caring for the Earth―A Strategy for Sustainable Living―）が発表され

ている。この戦略では，具体的な行動規範として次の９つの原則を提示している。

ⅰ．生命共同体を尊重し，大切にする
ⅱ．人間の生活の質を改善する
ⅲ．地球の生命力と多様性を保全する
ⅳ．再生不能な資源の消費を最小限に食い止める
ⅴ．地球の収容能力を超えない
ⅵ．個人の生活態度と習慣を変える
ⅶ．地域社会が自らそれぞれの環境を守るようにする
ⅷ．開発と保全を統合する国家的枠組みを策定する
ⅸ．地球規模の協力体制を創り出す

その後，「開発と環境に関する世界委員会（World Commission on Environment and Development：WCED）」が1987年に発表した「ブルントラント報告」では，「環境」と「開発」は不可分であることが示されている。そして，1992年に開催された「国連環境と開発に関する会議(United Nations Conference on Environment and Development：以下，UNCEDとする。)」（ブラジル・リオデジャネイロ）で，「持続可能な開発」がテーマとして議論された。この会議の検討には産業界で作られた国際的NGOであるWBCSD（The World Business Council for Sustainable Development：持続可能な発展のための世界経済人会議）が支援を行っており，その後もSDGs（Sustainable Development Goals：持続可能な開発目標）の制定まで大きく関わっている。また，UNCEDでは，「気候変動に関する国際連合枠組み条約（United Nations Framework Convention on Climate Change)」と「生物の多様性に関する条約（Convention on Biological Diversity)」の署名が行われ，オゾン層破壊以降，地球規模で取り組むべき問題が新たに生じた。

1989年12月に米国と旧ソ連の首脳が行ったマルタ会談（Malta Summit）で，第二次世界大戦終戦以降続いてきた東西冷戦が終焉となり，BRIICS（ブラジル，ロシア，インド，インドネシア，中国，南アフリカ）等工業新興国

の経済力が高まってくる。これと並行して，当時の途上国を中心に世界各国で新たに公害問題が発生し，地球環境問題も悪化してしまった。先進国で発生した環境問題は再発防止されず繰り返され，地球上の自然破壊は進む結果となった。

UNCED開催時と世界情勢が変わってしまった2012年に，「国連持続可能な開発会議（UNCSD：リオ＋20）」（ブラジル・リオデジャネイロ）が開催されている。この会議では，「持続可能な開発および貧困根絶の文脈におけるグリーン経済（以下，グリーン経済とする）」と「持続可能な開発のための制度的枠組み（通称，法的枠組みと呼ばれている）」が重要であることが確認された。そして世界的な資本主義の拡大を背景として「グリーン経済」に関して活発に議論された。環境改善策として金融面からの施策に国際的コンセンサスが得られ，グリーンボンドをはじめグリーンファイナンスの推進が図られるようになった。

他方，このとき議論された「持続可能な開発」が，2001年から2015年にかけて国連が推進したMDGs（ミレニアム開発目標：8項目）を引き継ぎ発展させたSDGs（持続可能な開発目標）に取り入れられた。SDGsは，17の目標とその169の達成すべき内容が示されており，2030年に向けての取り組みとなっている。2017年7月の国連総会では244の指標：インディケーター（indicator）も採択されている。しかし，期限を決めて目標を示すことは重要であるが，その目的と背景を理解しなければ，正しい行動をすることはできない。また，目標内容は今後人類が存在する限り続けていかなければならない事項で，2030年以降に悪化に転じることもある。2030年までの行動で終わってはならない目標である。そもそも2030年を目標に置いたことが妥当であるか，MDGsの活動期間の15年間に合わせる必要があったのか疑問である。SDGsの項目を持続的に取り組んでいくための社会システムを構築できなければSDGsはあまり意味をなさない。

例えば，EUが定めている「タクソノミー規制」（taxonomy：分類学，分類法）が参考になる。EC（欧州委員会）では，2018年5月に提案した環境保全のための6分野を取り上げたタクソノミー規則案が，2019年12月に欧州議会と理事会で合意に達している。この結果を受けて，EU（欧州連合）で環境保全，持続可能な地球資源の活用を目指した「サステナブル投融資（environmentally sustainable investment）に関した基準」が2020年6月に発表され，7月から施行している。この基準では，ビジネス，金融商品にタクソノミーとして取り上げた6分野のうち少なくとも1つ以上に貢献することを求めており，金融機関をはじめ企業に対し，このタクソノミーに基づいた投融資状況などの開示を義務づけている。このような規制は，社会システム構築の1つになると考えられる。前述の環境保全のための6分野は以下のとおりで，当該基準はこの分類に基づいている。

i．気候変動の緩和

ii．気候変動への適応

iii．水資源等の使用と保全，海洋管理

iv．循環経済等への移行と廃棄物対策

v．大気・水・土壌等の汚染防止対策

vi．植生・森林・希少種などエコシステムの保護（自然・生態系の保全）

さまざまな企業，団体等がSDGsに取り組んでいるが，どの目標項目を取り上げどのような目標値を示しているのか，また，項目を取り上げた理由，目標値の合理性を明確にすることが最も重要である。活動は，ISO14001（環境管理システム）で行われているシューハートシステム（plan-do-check-act cycle：PDCAサイクル）のように継続的に改善を続けていかなければならない。あるいは合理的システムが構築できているとすれば，維持していくことが持続可能性を確保することとなる。経済的価値観が変化し，入会地，入浜権などコモンズが維持できなくなるようなことになると，持続可能な開発は期待できない。SDGsで謳っている，地球上の「誰一人取り残さない（leave no one behind）」は，永久の誓いにしなければならない。

③　責任投資

環境負荷は企業に大きなコストを生じる可能性があるため，WBCSDで提唱している環境効率性向上は経営戦略となりつつある。環境効率は，基本的には，「環境負荷削減量／環境コスト」と示されているが，企業ごとに算出方法が異なっている。例えば，「環境パフォーマンス／財務パフォーマンス」とするなど多様である。WBCSDの前身であるBCSDが設立された1990年に，「国連環境と開発に関する会議（1992年）」に向けて発表された「持続可能な開発のための経済人会議宣言」では，次が示されている。

「開かれた競争市場は，国内的にも国際的にも，技術革新と効率向上を促し，すべての人々に生活条件を向上させる機会を与える。そのような市場は正しいシグナルを示すものでなければならない。すなわち，製品およびサービスの生産，使用，リサイクル，廃棄にともなう環境費用が把握され，それが価格に反映されるような市場である。これがすべての基本となる。これは，市場の歪みを是正して革新と継続的改善を促すように策定された経済的手段，行動の方向を定める直接規制，そして民間の自主規制の三者を組み合わせることによって，最もよく実現できる。」（引用：ステファン・シュミットハイニー，持続可能な開発のための産業界会議『チェンジング・コース』（ダイヤモンド社，1992年）6～7頁）。

この宣言では，環境コストは経営コストの一部であることを示しており，現在の商品価格には，含むべき環境コストが適切に含まれていないことが示されている。

WBCSDとWRI（World Resources Institute：世界資源研究所）が中心となり，企業，環境NGO，政府機関などで構成される会議「GHGプロトコルイニシアティブ（Greenhouse Gas protocol initiative）」が1998年に設立され「GHG算定基準」を発表している。GHG排出に関するライフサイクルマネジメントを次の3つに分類し計算する手法を提案し，企業評価に利用されている。特にスコープ3におけるサプライチェーンに関わる企業についてライフサイクルマネジメント（Life Cycle Management：LCM）は，協力企業すべてに環境コストについての理解が必要となり，情報収集は難しい。

スコープ1（scope1）：企業が自社で使用する施設や車両（移動）から直接排出した量

スコープ2（scope2）：企業が自社で購入した電力や熱など，エネルギー利用による間接的な排出の量。電力は，政府から電力会社ごとに発表される化石燃料使用率（温室効果ガス排出係数［t-CO_2／kWh］）を乗じて算出

スコープ3（scope3）：サプライチェーンを含めた広い範囲を対象にした排出量

2006年に国連では，国連責任投資原則（United Nations Principles for Responsible Investment：UNPRI）が提唱され，この規則の中でESG（Environment, Social, Governance）の分野に配慮した責任投資を実施することが宣言されている。しかし，2007年のサブプライムローンの破綻が発端となって安全とされていたモーゲージ債（住宅抵当証券）などが価値を失い，2008年のリーマンショック，いわゆる経済バブルの崩壊となった。複雑な金融商品は，1960年代に数学者のエドワード・オークリー・ソープが，確率論を利用しコンピュータに統計的処理を行ったことに始まる。投資による利益を得る方法を研究し市場の動きを理論的に解析した。その後，1973年にブラウン運動の無秩序な動きを予測する研究から発展し，経済学者マイロン・ショールズと，数学者ロバート・マートンおよび数学者フィッシャー・ブラックによって「ブラック-ショールズ方程式」が発表され，さまざまな数式を駆使したデリバティブ（金融派生商品）が作られるようになった。当該方程式は1997年にノーベル経済学賞を受賞している。現在，デリバティブはAI（Artificial Intelligence）を使って投資判断が行われる。しかし，コンピュータは過去に経験がない事態には対応できない。気候変動など環境の変化はこれまでにない状況となるため注意を要する。自然の変化などが影響する損害保険は，すでに巨額の損失を生じている。

「ブラック-ショールズ方程式」を実証するために，1994年にマイロン・

1950年代～高度経済成長期
日本各地の公害発生　加害企業，政府　－　被害者
司法の場で争う
1970年日本：公害国会・公害関係14法制定・改正

1972年
国連人間環境会議　・かけがえのない地球
・宇宙船地球号

1972年ローマクラブ『成長の限界』

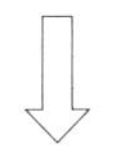

1980年『世界環境保全戦略』公表

1992年
国連環境と開発に関する会議　・持続可能な開発

2001年ミレニアム開発目標
～2015（社会福祉）

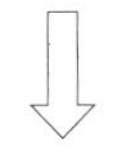

2006年UNPRI・ESG
（2008年リーマンショック）

2012年
国連持続可能な開発会議　・グリーン経済
・法的枠組み

2016年持続可能な開発のための目標
～2030（社会福祉＋環境保全）
⇒2017年７月の国連総会で244の指標（indicator）を採択

⇒中長期的な経営の必要性が高まる　⇒ESG投資・経営に注目

図４－１　持続可能な開発とUNPRI・ESG

ショールズとロバート・マートンは，ロングターム・キャピタル・マネジメント（Long Term Capital Management：以下，LTCMとする）というヘッジファンドを設立し，実際の市場で資金を運用して，当初は順調に利益を上げた。しかし，当該方程式は，過去に起きたことがない市場危機に対しては正確な算出ができず，1999年に経済不況にあったロシアの国債を安全と判断して大量に購入し，債務不履行になったことで莫大な損失を出し，LTCMは破綻した。これからは，投資プログラムにESGの視点を新たに取り入れ，失敗分析などをコンピュータに学習させていかなければならない。

④　共通価値の創造

ESGに関した活動や対策が，SRI（Socially Responsible Investment：社会的責任投資）評価の重要な視点となっている。環境商品開発や環境事業（プロジェクト）に対する融資や債券発行も中長期的な利益を目指して国際的に進められている。ESGに基づいて行われる企業活動は，CSRでもある。しかし，CSRにおける社会貢献活動は，企業の事業活動との関係が不明確であり経営戦略とはならないと考え，本業に基づいて社会的な問題解決に向けて「共通価値の創造（Creating Shared Value：以下，CSVとする）」活動を行うべきであるという提言も行われている。この概念は，2011年にマイケル・E・ポーター（Michael Eugene Porter）（ハーバード大学ビジネススクール教授）によって示されている。

ESGが注目されたことでガバナンスの面から，企業の経営について客観的なチェック機能が重視されつつあり，共有価値が創造しやすい環境も整備されてきているともいえる。ただし，多くの企業が抱える問題として，サプライチェーン全体でCSVを行うことは困難である。環境問題はさまざまな業務に関連しているが，企業によって環境保護に関する意識は異なっており，会社内でもCSVに対する価値観が統一されていないことがある。環境保全に関する事柄は複雑で多岐にわたり，短時間では利益が見えないESG経営の重要性を理解するには時間がかかる。例えば，気候変動や数十年もたって健康被害が発生する（慢性的な）環境汚染など，被害とその原因の因果関係が不明確なものは，その正確な改善策を構築するには多くの検討が必要となる。

前述の「GHGプロトコルイニシアティブ」の「GHG算定基準」におけるスコープ３での企業評価には，サプライチェーンのESGの取り組みも含まれる。個別商品に関してもLCA（Life Cycle Assessment）が行われており，中長期的にはESG対応の遅れは企業経営に損失を生み出す。環境戦略は，経営戦略の一部となっているといえる。

ESG戦略を経営に取り入れた企業では，ESGブランディングによる付加価値をつけた商品も開発している。すでに環境ブランディングによって商品化しているものには，エシカル（ethical），ロハス（Lifestyles Of Health And Sustainability：LOHAS）などといった視点で作られた商品が複数ある。エシカルコンシューマー活動，グリーンコンシューマー活動（＊2）は1980年頃から英国等ですでに行われている。近年ではライフスタイルの中にもこの考え方が取り入れられており，再度注目をあびている。食品でいえば畜産業で多くの穀物飼料を使用して生産された家畜の肉はエコロジカルフットプリントが大きくなることから，ベジタリアン，ビーガンなどもこの範疇に含まれている。コーポレート・アイデンティティの面からCSVを考える必要性が高まっている。

ただし，再生可能エネルギーのようにエネルギーの安定化を目的としたものについては，「環境」のイメージはあるが，環境負荷も問題になっていることを踏まえておかなければならない。例えば風力発電は，騒音，バードストライクなど環境問題があり環境影響評価法の規制対象になっており，ソーラーパネルの光害など他も何らかの環境負荷がある。そもそも，エネルギー密度が非常に小さく莫大な設備（鉱物資源）が必要で寿命が短い。したがって，中期的には大量の廃棄物が発生する。かえって環境負荷のイメージとなり，企業価値が低下する恐れがある。

また，途上国と先進国の経済格差から環境保全に対する考え方が異なっている。「国連人間環境会議」（1972年）で示された人間環境宣言では，「経済格差を縮めるよう努めなければならない」，「国連環境と開発に関する会議」（1992年）での「環境と開発に関するリオ宣言」では，「各国は共通だが差異ある責任を有する」と謳い，先進国に特別に加えられた責任を定めている。この対立で国際関係が複雑化していることもあり，今後価値の共有について適宜考えていかなければならない。

4.2 リスクコミュニケーション

(1) 環境権

1960年代に公害が国際的な問題になった際に，人の環境に対する権利のあり方が議論されるようになった。この問題は，人の生存や幸福（社会福祉）にも広がりを見せ，環境権の検討へとなった。

1969年に，米国ミシガン大学のサックス教授が最初に環境権を主張したとされており，「原因者に対して予防訴訟を提起できる法的根拠」としている。日本では，1970年３月「公害問題国際シンポジウム」の「環境宣言」で提唱され，1970年９月に「日本弁護士連合会第13回人権擁護大会」で社会的基本権として「強大な企業から社会的弱者（被害者）を守るための権利」と主張されている。当該弁護士会での主張では，環境権の根拠は，憲法の幸福追求権（憲法13条：公共の福祉に反しない限り，最大の尊重を必要とする）および生存権（憲法25条：生命あるものが生きようとする権利で，特に国民が人間らしく生きてゆくために必要な諸条件の確保を国に要求する権利を保障する）に基づき，主張されている。しかし，いまだ憲法および法令では認められていない。2014年に国会で憲法改正の１つの項目として「環境権」を取り入れることが，与党の「改憲草案」に含まれたが，その後除外されている。

なお，環境基本法第３条には「環境の恵沢の享受と継承等」と定めており，環境権としても考えることができる。

環境基本法第３条

環境の保全は，環境を健全で恵み豊かなものとして維持することが人間の健康で文化的な生活に欠くことのできないものであること及び生態系が微妙な均衡を保つことによって成り立っており人類の存続の基盤である限りある環境が，人間の活動による環境への負荷によって損なわれるおそれが生じてきていることにかんがみ，現在及び将来の世代の人間が健全で恵み豊かな環境の恵沢を享受するとともに人類の存続の基盤である環境が将来にわたって維持されるように適切に行われなければならない。

また「国連人間環境会議」(1972年）の「人間環境宣言」共通原則ですでに「環境権」概念が提示されており，国際的コンセンサスはかなり前よりあると考えられる。

「人間環境宣言」共通原則1

人は，尊厳と福祉を保つに足る環境で，自由，平等および十分な生活水準を享受する基本的権利を有するとともに，現在および将来の世代のため環境を保護し改善する厳粛な責任を負う。これに関し，アパルトヘイト，人種差別，差別的取扱い，植民地主義その他の圧制および外国支配を促進し，または恒久化する政策は非難され，排除されなければならない。

なお，自然に存在する生物全体に対する環境権に関してはいまだ統一した見解はなく，さまざまな視点で議論されている。鯨や希少動物などについての生存権が取り上げられることはある。しかし，本来ならば生態系全体の生物としての環境権が存在していると考えられ，食物連鎖など自然環境システム全体を考慮しなければ，解を得ることは難しいと考えられる。食肉生産を目的として生産される家畜の虐待についても問題となるが，人のライフスタイル，食に対する価値観そのものを考え直す必要がある。

1960年代，公害の発生において企業と事業所周辺住民の対立から，近年では重要なステークホルダーとして，リスクコミュニケーションの重要性（マテリアリティ）が高まっている。説明責任の遵守の対象（工場見学会，社会貢献活動展開）が拡大し，情報公開の考え方が大きく変化している。このような活動が，近年，事業活動評価となり，経営評価（投資・融資の信用度指標）項目になった。いわゆる企業の見えない資産として，価値が共有されてきているともいえる。このようなリスクコミュニケーションは，企業，一般公衆の間で慣習化してきた一種の環境権とも考えられる。

生存権，幸福権を維持するためには，自分の環境リスクを「知る権利」も存在する。環境汚染が人へ及ぼす潜在的なリスクは，地球上の至る地域に存在し，その大きさにはかなりの開きがある。自分の住んでいる環境がどのような環境リスクを持っているかを知ることは，人が健康に生存するための権利であり，危険を知っているものが，その影響が及ぶ恐れのある者にそれを知らせることは安全配慮義務でもある。化学物質に関しては，その性質を示したSDS（Safety Data Sheet）およびPRTRのような曝露を知ることでリスク対処が可能となる。事業者，政府は情報公開をすること，一般公衆はリスクを確認できることが環境権を確保することになる。しかし，日本では環境リスク管理について行政に頼る傾向が強く，法令での対処が重要となる。自らが環境リスクを理解することも，自らの環境権を得るために必要と思われる。

⑵　自然資本

自然資本という言葉はあまり聞き慣れないものであるが，今後人類および地球上の生態系が持続的に存在していくには欠かせない。

日本・環境省では，自然資本について以下のように示している。

「自然環境を国民の生活や企業の経営基盤を支える重要な資本の１つとして捉える「自然資本」という考え方が注目されています。自然資本は，森林，土壌，水，大気，生物資源など，自然によって形成される資本（ストック）

のことで，自然資本から生み出されるフローを生態系サービスとして捉えることができます。自然資本の価値を適切に評価し，管理していくことが，国民の生活を安定させ，企業の経営の持続可能性を高めることにつながると考えられます。」(引用：環境省HP「環境白書・循環型社会白書・生物多様性白書 第4節グリーン経済を支える自然資本」アドレス：https://www.env.go.jp/policy/hakusyo/zu/h26/html/hj14010304.html［2020年9月］)。

自然資本消費の指標の考え方として，エコロジカルフットプリント（ecological footprint：環境負荷を与える大きさ）などが，1970年頃から世界でさまざまに考え出されている。基本的には，人類が使用する「もの」と「サービス」が増加することによって消費されている指数ということになる。ただし，省資源，省エネルギーが向上すると，消費者数は小さくなる。

古代文明には，数百年かけて食料や材料，エネルギーとなるバイオマス，生命の源である水などの持続可能性を考えずに消費を拡大し続け，消滅した例が複数ある。4大文明をはじめ文明が栄えた地域は，川（水），森林などバイオマスが豊富な土地に作られ，水の供給，農耕，食料の供給が不可欠である。しかし，自然資本を無計画，または自然のシステムを理解しないままエコロジカルフットプリントを拡大，または何らかの目的で消失させると持続可能に生存していくことが不可能となる。

西暦400～500年頃からポリネシア人が住み着いたイースター島は，約1200年～1600年に高度な文明を発展させたが，小さな島という限られた空間であったことから，バイオマス（森林）の喪失によって短期間で崩壊した。モアイ像（平均10m，10トンの石像）を石切場から9つの村に運ぶために木を使い，すべて切り倒してしまったからである。天体観測など科学的な知識があったにもかかわらず，身近な自然が崩壊することのリスクはあまり重要とは思わなかったことが原因である。人の価値観は，あいまいで科学的な背景を持ったものでないことがわかる。バイオマスを失い，文明も喪失した住民は，争いを繰り返して未開の地に逆戻り，1877年には島のほとんどの人がペルー人によって奴隷として連れ去られた。

また，11世紀から12世紀（学説によって異なる，14世紀までとの説もある）に米国コロラド州南西部先住民プエブロインディアンのアナサジ族が数千人規模で住居にしていた，断崖をくり抜いた集落遺跡群（メサ・ヴェルデ遺跡）がある。この遺跡も突然，住民がいなくなっている。住民が生活に必要な木材調達のために伐採を行ったことによってバイオマスが喪失してしまい，アナサジ族は，新たな資源を求めて別の地へと移動していったと考えられている。

東京をはじめ世界の大都市における食料の自給率はわずかしかない。ものの流通が止まると生活をすることはできない。豪雪時に東京など周辺へのものの流通が機能しなくなったときに，コンビニエンスストアなどで商品がなくなる事態が発生している。1973年，1979年のオイルショック，2011年からの東電原子力事故による原子力発電所の停止，2020年の新型コロナウイルス感染問題，ロシアのウクライナへの軍事侵攻では，「もの」，「サービス」の流通が非常に不安定であったことが確認された。私たちが安定していると思っている，豊富に存在する食料や商品，電気，交通などのサービスは，中長期的には不安定である。資源消費の空間的，時間的な把握をしなければ，持続可能な生存，幸福追求は実現しない。

人類は経済システムによる効率化を急激に進め，「もの」と「サービス」の国際的供給を作り上げたが，実際には社会的変化で容易に崩壊する極めて脆弱な状況となっている。現代は生産性を向上させ，人々の生活に大量の「もの」と，快適な「サービス」をあふれさせ，ニッチ市場を探し続けている。その反面，少しぐらいの自然を変化，あるいは破壊させても自然浄化（自然に修復）するだろうといった安易な期待から，人間自身を地球上における絶滅危惧種の状態にしてしまった。

人間が絶滅した場合，現在の自然は大きく変化するだろう。これまで人間が地球表面に大繁殖させてきたトウモロコシ，麦，米などの植物や，畜産業で飼育されている牛や豚，鶏など，養殖されている魚類などは衰退し，野生化したもののみが生き残っていくと思われる。

自然資源が喪失すると，地球は他の惑星と同じように無機質な世界になっていくだろうが，宇宙ではこのほうが一般的な状態である。現在，生態系が存在する地球のほうが希な世界であることを，宇宙ができたときからの環境の歴史を理解し，人類の持続性を高めていくことが必要である。

【注釈】

（＊１）1978年の米国環境保全審議会の定義によれば，環境影響の①回避，②最小化，③修正（環境の修復，回復，復元），④減少または消去，⑤代償措置（代替の資源・環境を置き換え・提供）を行うこととなっている。

（＊２）1988年にジョン・エルキントン（John Elkington）とジュリア・ヘイルズ（Julia Hailes）の共著『グリーンコンシューマー・ガイド（“The Greenconsumer Guide”）』が出版され国際的に注目された。

資　料

環境史年表

事　象	環境の変化・汚染の形態
不明	
約138億年前　ビッグバン　宇宙の始まり（3次元世界の誕生） さまざまな物質・素粒子，エネルギーの誕生 ダークエネルギー・ダークマター	
約46億年　宇宙に漂う物質が引力で引き寄せられ地球誕生	
約38億年前　生命の誕生・シアノバクテリア→光合成開始 ：CO_2減少，O_2増加	地上物質の酸化
火山の爆発によるばい煙が発生：日傘効果・寒冷化 ：CO_2放出・海へ溶解（炭酸の生成） ：SOx発生→硫酸生成（酸性雨）	気候変動・海の酸性化 幾度も生物絶滅の危機
宇宙から照射される電磁波等エネルギー量の変化 （宇宙における地球の動き，太陽の変化，宇宙からの影響）	
約6,550万年前　地球へ直径約11㎞の惑星衝突 ：イリジウムの増加など地球上の物質存在比変化	
：ばい煙の放出：日傘効果・寒冷化	気候変動
陸上：恐竜等生物絶滅　海洋：アンモナイト絶滅	海中変化
約12,000年前　氷河期（氷期）	海面低下
約6,000年前　地球温暖期	海面上昇
↓　寒冷化（複数の種絶滅）　　人類の文明進展 鉱物採掘，隕石	森林減少（バイオマス減少）
3世紀中頃　日本・古墳時代～アマルガム鍍金法利用 （水銀溶剤）	（水銀［Hg］揮発）
7世紀頃から　日本・鉱山開発：尾去沢鉱山，紀和鉱山など （鉱害？）	
745年　奈良大仏制作開始・水銀と金アマルガムで鍍金 水銀…銀，金抽出にも利用　**（公害）**	水銀中毒発生（水俣病） 悪臭等公衆衛生悪化

17世紀以降　日本・江戸：生活ゴミ・排水（公害）	
鉱山開発：石見銀山，足尾銅山など多数	
19世紀～20世紀	
鉱山採掘・製錬技術の向上	
足尾銅山，別子鉱山，小坂鉱山，日立鉱山など鉱害発生	大気汚染：ばい煙（SOx）
被害：森林，農作物，健康障害（**鉱害**）	鉱毒
20世紀	
1903年～大阪アルカリ事件	大気汚染：ばい煙（SOx）
被害：農作物（**公害**）－1914年訴訟	
1945年以降　原子力開発	
原子爆弾の投下：広島，長崎	放射性物質汚染［地球規模］
被害：健康障害［20万人以上死亡］（**戦争**）	大気中の存在比増加
複数の国家：原子爆弾開発，水素爆弾開発	放射性物質汚染［地球規模］
核関連施設事故	大気中の存在比増加
被害：健康障害（公害）	
1952年　英国・ロンドンスモッグ事件	大気汚染：ばい煙（SOx）
被害：健康被害［1万人以上死亡］（**公害**）	
1956年大気浄化法制定	
1950年代～	
四大公害	
・イタイイタイ病［植物による生物濃縮］（**鉱害**）	水質汚濁：カドミウム汚染
汚染源：岐阜県神岡鉱山（720年頃～採掘開始）	
富山県神通川下流・被害：健康障害－訴訟	
・水俣病［魚類による生物濃縮］（**公害**）	水質汚濁：有機水銀
熊本県・新潟県：健康障害－訴訟	
・四日市公害［排水，排気］（**公害**）	
三重県：水質汚濁－磯津漁民一揆	水質汚濁
：健康障害（四日市ぜん息）－訴訟	大気汚染：ばい煙（SOx）
その他	
浦安漁民騒動（**公害**）　汚染源：東京	水質汚濁：酸性物質
被害：漁業	
田子の浦ヘドロ公害（**公害**）　汚染源：静岡県	水質汚濁：酸性物質
被害：漁業，悪臭等	富栄養化
八幡製鉄公害［排気，排水］（**公害**）	大気汚染：ばい煙（SOx）
被害：健康被害，漁業	水質汚濁：複数の有害物質
自動車排気（**公害**）	大気汚染：NOx，PM

被害：健康障害	光化学スモッグ（＋紫外線）
世界各国：アスベスト汚染（**公害，鉱害**）	大気汚染
被害：健康障害［体内で物理的刺激］	室内環境汚染
米国－訴訟	
1986年チェルノブイリ原子力発電所事故［旧 ソ連］	放射性物質
被害：健康障害　　（**公害**）	
1980年代～（**公害，環境破壊**）	
地球規模：オゾン層破壊［原因物質：フロン類など］	紫外線の増加
被害：健康障害，植物等野生生物等障害	（・・地球環境破壊）
地球規模：地球温暖化［CO_2，メタン，フロン類など］	気候変動，海の酸性化
被害：熱中症，熱帯性感染症拡大等健康障害	海面上昇など
気候変動等による物的損害，生態系破壊	（・・地球環境破壊）
地球規模：プラスチック汚染	海の酸性化
	水質汚濁，大気汚染
被害：海洋生物等野生生物，健康障害	（・・地球環境破壊）
広域公害：福島第一原子力発電所事故（2011年）	放射性物質汚染
被害：健康障害等	

【参考文献】

⑴　アル・ゴア，訳 小杉隆「地球の掟　文明と環境のバランスを求めて」（ダイヤモンド社，1992年）
⑵　宇井純『公害原論 第２版』（亜紀書房，2012年）
⑶　ウォルター・アルヴァレズ，月森左知 訳『絶滅のクレーター―Ｔレックス最後の日』（新評論，1997）
⑷　浦安市郷土博物館調査報告書 第５集『ハマん記憶を明日へ―「黒い水事件」から50年・聞き書き報告書１＜漁業者・水産関係者編＞第二版―』（2010年）
⑸　浦安市郷土博物館調査報告書 第６集『ハマん記憶を明日へⅡ―「黒い水事件」から50年・聞き書き報告書２＜女性・子ども・水産関係者以外の職業者編＞第二版―』（2011年）
⑹　エドワード・ソープ，監修：増田丞美，訳：宮崎三瑛『ディーラーをやっつけろ！』（パンローリング，2006年）
⑺　エドワード・チャンセラー，訳：山岡洋一『バブルの歴史』（日経BP社，2000年）
⑻　エルンスト・U・フォン・ワイツゼッカー，エイモリー・B・ロビンス，L・ハンター・ロビンス，訳：佐々木建『ファクター４』（省エネルギーセンター，1998年）
⑼　エルンスト・U．フォン．ワイツゼッカー，監訳：宮本憲一，楠田貢典，佐々木建『地球環境政策―地球サミットから環境の21世紀へ』（有斐閣，1994年）
⑽　勝田悟「化学物質セーフティデータシート」（未来工学研究所，1992年）
⑾　勝田悟「環境情報の公開と評価―環境コミュニケーションとCSR―」（中央経済社，2004年）
⑿　勝田悟『地球の将来　―環境破壊と気候変動の驚異―』（学陽書房，2008年）
⒀　勝田悟『グリーンサイエンス』（法律文化社，2012年）
⒁　勝田悟『原子力の環境責任』（中央経済社，2013年）
⒂　勝田悟『環境概論　第２版』（中央経済社，2017年）
⒃　勝田悟『環境保護制度の基礎 第４版』（法律文化社，2020年）
⒄　勝田悟『環境政策の変遷』（中央経済社，2019年）
⒅　勝田悟『環境政策の変貌』（中央経済社，2020年）
⒆　勝田悟『生活環境とリスク 第３版』（産業能率大学，2021年）
⒇　勝田悟『環境学の基本　第４版』（産業能率大学，2022年），
(21)　ガレット・ハーディン，松井 巻之助 訳『地球に生きる倫理―宇宙船ビーグル号の旅から』（佑学社，1975年）
(22)　ガレット・ハーディン，竹内 靖雄訳『サバイバル・ストラテジー』（思索社，1983年）
(23)　カルロ・ペトリーニ，訳 石田雅芳『スローフードの奇跡』（三修社，2009年）
(24)　環境省，文部科学省，農林水産省，国土交通省，気象庁『気候変動の観測・予測及び影響評価統合レポート2018　～日本の気候変動とその影響～　2018年２月』（2018年）
(25)　環境省，文部科学省，農林水産省，国土交通省，気象庁『気候変動の観測・予測及び影響評価統合レポート～日本の気候変動とその影響 2018年２月』（2018年）
(26)　環境省『昭和48年版 環境白書』（1973年）
(27)　環境と開発に関する世界委員会，監修：大来佐武郎「地球の未来を守るために Our Commom Future」（福武書店，1987年）

(28) キム・エリック・ドレクスラー，訳：相沢益男『創造する機械―ナノテクノロジー』（パーソナルメディア，1992年）
(29) 経済産業省 オゾン層保護等推進室『モントリオール議定書の改定について　平成29年1月』（2018年）
(30) 国際自然保護連合，国連環境計画，世界自然保護基金　訳：世界自然保護基金日本委員会「かけがえのない地球を大切に―新・世界環境保全戦略」（小学館，1992年）
(31) 国際連合『我々の世界を変革する：持続可能な開発のための2030アジェンダ　国連文書A/70/L.1』（2015年）
(32) ステファン・シュミットハイニー，フェデリコ・J・L・ゾラキン，世界環境経済人協議会（WBCSD），監修：天野弘明，加藤秀樹訳：金融に関する研究会『金融市場と地球環境－持続可能な発展のためのファイナンス革命－』（ダイヤモンド社，1997年）
(33) ステファン・シュミットハイニー，持続可能な開発のための産業界会議（BCSD）『チェンジング・コース―持続可能な開発への挑戦』（ダイヤモンド社，1992年）
(34) ジョン・プレンダー，訳：岩本正明『金融危機はまた起きる』（白水社，2016年）
(35) デイナ・マッケンジー，訳：赤尾秀子『世界を変えた24の方程式（The Universe in Zero Words）』（創元社，2013年）
(36) ドネラ・H・メドウス，デニス・L・メドウス，シャーガン・ラーンダス，ウィリアム・W・ベアランズ3世，監訳：大来佐武郎『成長の限界―ローマクラブ「人類の危機」レポート』（ダイヤモンド社，1972年）
(37) ドネラ・H・メドウス，デニス・L・メドウス，ヨルゲン・ランダース，訳：松橋隆治，村井昌子，監訳：茅陽一『限界を超えて　生きるための選択』（ダイヤモンド社，1992年）
(38) ドネラ・H・メドウス，デニス・L・メドウス，ヨルゲン・ランダース，訳：松廣淳子『成長の限界　人類の選択』（ダイヤモンド社，2005年）
(39) 日本生産性本部『労働生産性の国際比較2017年版』（2017年）
(40) リサ・ランドール，訳：塩原通緒，監訳：向山信治『ダークマターと恐竜絶滅―新理論で宇宙の謎に迫る』（NHK出版，2016年）
(41) レイチェル・カーソン，訳：青樹簗一『沈黙の春』（新潮社，1974年）
(42) R.バックミンスター・フラー，訳：芹沢高志『宇宙船地球号 操縦マニュアル』（筑摩書房，2000年）
(43) 労働省（現 厚生労働省）『半導体製造工程における安全衛生指針』（1988年）
(44) F.シュミット・ブレーク，訳：佐々木建『ファクター10―エコ効率革命を実現する』（シュプリンガー・フェアラーク東京，1997年）
(45) GRI，United Nations Global Compact，WBCSD “SDGs Compass”（2015）
(46) K.ウィリアム.カップ，篠原泰三 訳『私的企業と社会的費用―現代資本主義における公害の問題』（岩波書店，1959年）
(47) K.ウィリアム.カップ，柴田徳衛，鈴木正俊 訳『環境破壊と社会的責任』（岩波書店，1975年）
(48) Michael E. Porter and Mark R. Kramer, “Creating Shared Value” HBR January-February 2011.
(49) Natural Capital Coalition，日本語版監修：一般社団法人コンサベーション・インターナショナル・ジャパン，KPMGあずさサステナビリティ株式会社『自然資本プロトコル（the Natural Capital Protocol）』（2016年）
(50) UNEP “Radiation Dose Effects Risks（1985）日本語訳：吉澤康雄，草間朋子「放射線―その線量，影響，リスク」（同文書院，1988年）

(51) World Economic Forum "The Global Risks Report 2018 13th Editin"(2018年)
(52) 第29回国会参議院決算委員会1958年(昭和33年) 6月13日議事録(第29回国会 決算委員会 第2号[第14部])
(53) 第29回国会参議院決算委員会1958年(昭和33年) 6月20日議事録(第29回国会 決算委員会 第3号[第14部])
(54) 第29回国会参議院決算委員会1958年(昭和33年) 6月30日議事録(第29回国会 決算委員会 第5号[第14部])
(55) 第31回国会参議院決算委員会1958年(昭和33年)12月18日議事録(第31回国会 決算委員会 第2号[第14部])
(56) 勝田悟「浦安漁民騒動事件と漁場水域の喪失」,東海大学教養学部紀要 第50輯(2020年3月)83〜98頁
(57) ガレット・ハーディン「共有地の悲劇」サイエンス誌,162巻(1968年12月13日号),1243頁〜1248頁
(58) 川島武宜「浦安漁民騒動の法社会学的考察」ジュリスト(No.159)論説1958.8.1, 2〜5頁。
(59) Jules Pretty "The Real Costs of Modern Farming —Pollution of water, erosion of soil and loss of natural habitat,caused by chemical agriculture, cost the Earth—." Resurgence No.205 March/April 2001, Page 6 – 9.

【参考インターネットHP】
(1) 外務省 HP
アドレス:https://www.mofa.go.jp
(2) 環境省 HP「昭和58年版環境白書」
アドレス:https://www.env.go.jp/policy/hakusyo/s58/index.html
(3) Global Footprint Network HP
アドレス:https://www.footprintnetwork.org
(4) グローバル・コンパクト・ネットワーク・ジャパン HP
アドレス:https://ungcjn.org/index.html
(5) 経済産業省資源エネルギー庁「2020—日本が抱えているエネルギー問題」
アドレス:https://www.enecho.meti.go.jp/about/special/johoteikyo/energyissue2020_1.html
(6) 国連広報センター HP
アドレス:https://www.unic.or.jp
(8) 東京電力HP「賠償金のお支払い状況」
アドレス:https://www.tepco.co.jp/fukushima_hq/compensation/results/index-j.html
(9) 財務省 HP
アドレス:https://www.mof.go.jp
(10) 総務省統計局「世界の統計」
アドレス:https://www.stat.go.jp/data/sekai/0116.html
(11) 年金積立金管理運用独立行政法人(GPIF)HP
アドレス:https://www.gpif.go.jp
(12) 農林水産省 HP
アドレス:https://www.maff.go.jp
(13) CDP HP

アドレス：https://www.cdp.net/en
⒁ JAXA研究開発部門 HP
アドレス：https://www.kenkai.jaxa.jp
⒂ GPIF年金積立金管理運用独立行政法人 HP
アドレス：https://www.gpif.go.jp
⒃ UNESCO HP
アドレス：https://www.unesco.or.jp

索　引

●な

●は

●ま

●ら

【著者紹介】

勝田　悟（かつだ　さとる）

1960年石川県金沢市生まれ。東海大学教養学部人間環境学科・大学院人間環境学研究科 教授（大学院研究科長）。工学士（新潟大学）［分析化学］，法修士（筑波大学大学院）［環境法］。＜職歴＞政府系および都市銀行シンクタンク研究所（研究員，副主任研究員，主任研究員，フェロー），産能大学（現 産業能率大学）経営学部（助教授）を経て，現職。＜専門分野＞環境法政策，環境技術政策，環境経営戦略。社会的活動は，中央・地方行政機関，電線総合技術センター，日本電機工業会，日本放送協会，日本工業規格協会他複数の公益団体・企業，民間企業の環境保全関連検討の委員長，副委員長，委員，会長，アドバイザー，監事，評議員などをつとめる。

【主な著書】

［単著］

『環境学の基本 第４版』（産業能率大学，2022年［第１版 2012年］），『生活環境とリスク―私たちの住む地球の将来を考える― 第３版』（産業能率大学出版部，2021年［第１版 2015年］），『科学技術の進展と人類の持続可能性』（中央経済社，2021年），『環境政策の変貌 地球環境の変化と持続可能な開発目標』（中央経済社，2020年），『環境政策の変遷 環境リスクと環境マネジメント』（中央経済社，2019年，『ESGの視点 環境，社会，ガバナンスとリスク』（中央経済社，2018年），『CSR 환경 책임（CSR環境責任）』（Parkyoung Publishing Company，2018），『環境概論 第２版』（中央経済社，2017年［第１版 2006年］），『環境保護制度の基礎 第４版』（法律文化社，2017年［第１版 2004年］），『環境責任 CSRの取り組みと視点―』（中央経済社，2016年），『原子力の環境責任』（中央経済社，2013年），『グリーンサイエンス』（法律文化社，2012年），『環境政策―経済成長・科学技術の発展と地球環境マネジネント―』（中央経済社，2010年），『地球の将来 ―環境破壊と気候変動の驚異―』（学陽書房，2008年），『環境戦略』（中央経済社，2007年），『早わかり アスベスト』（中央経済社，2005年），『―知っているようで本当は知らない―シンクタンクとコンサルタントの仕事』（中央経済社，2005年），『環境情報の公開と評価―環境コミュニケーションとCSR―』（中央経済社，2004年），『―持続可能な事業にするための―環境ビジネス学』（中央経済社，2003年），『環境論』（産能大学：現 産業能率大学，2001年），『―汚染防止のための―化学物質セーフティデータシート』（未来工研，1992年）など

［共著］

『先端技術・情報の企業化と法〔企業法学会編〕』（文眞堂，2020年），『企業責任と法―企業の社会的責任と法の在り方―〔企業法学会編〕』（文眞堂，2015年），『21世紀のKEYWORD plus50 東海大学教養学部40周年記念』（東海大学出版会，2008年），『―文科系学生のための―科学と技術』（中央経済社，2004年），『現代先端法学の展開〔田島裕教授記念〕』（信山社，2001年），『―薬剤師が行う―医療廃棄物の適正処理』（薬業時報社；現 じほう，1997年），『石綿代替品開発動向調査〔環境庁大気保全局監修〕』（未来工研，1990年）など

環境史
―環境変化の緩和と適応―

2022年10月１日　第１版第１刷発行

著　者　勝　田　悟
発行者　山　本　継
発行所　㈱中央経済社
発売元　㈱中央経済グループパブリッシング

〒101-0051　東京都千代田区神田神保町1-31-2
電話　03（3293）3371（編集代表）
03（3293）3381（営業代表）
https://www.chuokeizai.co.jp
印刷／㈱堀内印刷所
製本／㈲井上製本所

＊頁の「欠落」や「順序違い」などがありましたらお取り替えいたしますので発売元までご送付ください。（送料小社負担）

ISBN978-4-502-44001-4　3034